令人驚豔的
夢幻剖面料理

市瀨悦子　著

瑞昇文化

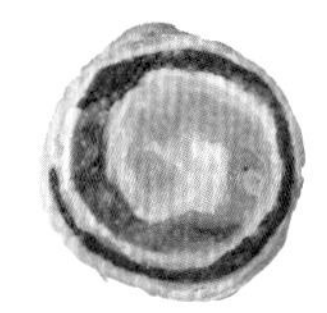

前 言

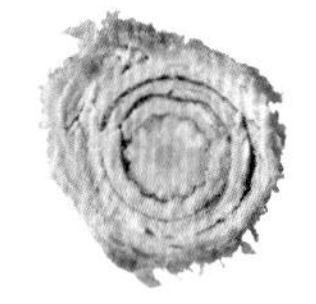
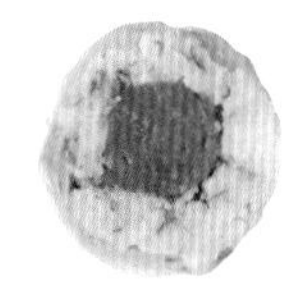
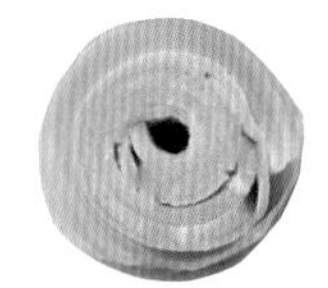
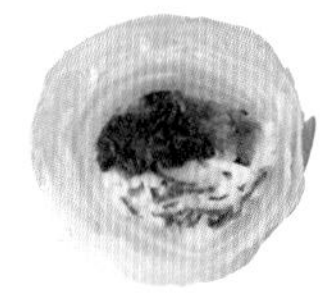

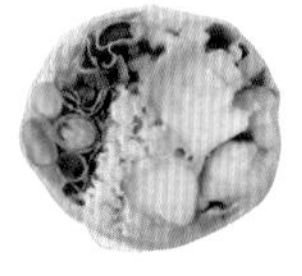
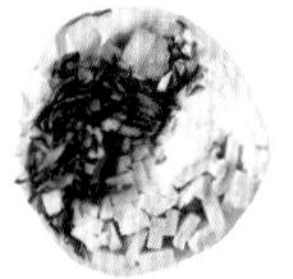
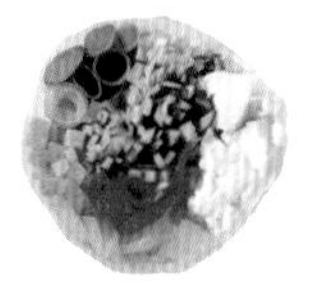
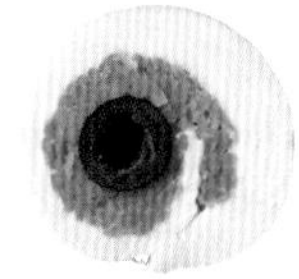
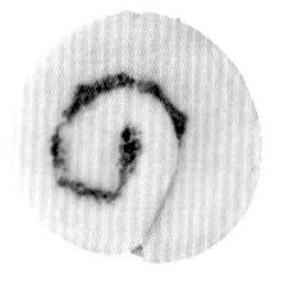

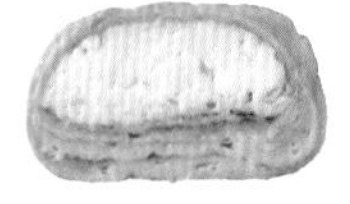

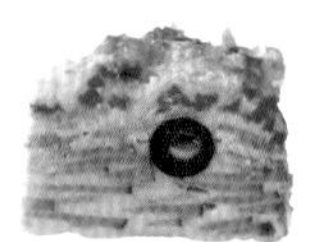

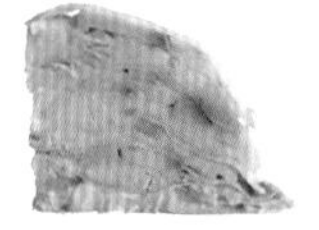

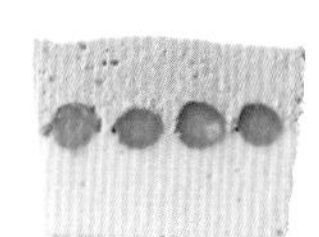

「夢幻」這個詞，不覺得令人有種無限美好的感覺？

說到「夢幻料理」的話，會讓你想起什麼樣的料理呢？

這次我所要介紹的「夢幻料理」，沒錯，就是指料理的「剖面」，

我稱之為「夢幻剖面」！

將製作好的料理切開，不由得令人感到興奮，

好想立刻把這剖面的美麗模樣呈現在大家眼前，

這次本書主要就是介紹像這樣精心製作的剖面料理。

最重要的是，本書內所介紹的美味「夢幻料理」，在家就能輕鬆做出。

所以，本書裡頭所介紹的作法，只是將一般的家常菜，再多花一些工夫或小巧思，

延伸發展出來的食譜，當然都是在自家就能輕鬆完成製作，

不論是平日晚餐的菜餚、或是入便當配菜、或用來招待客人都相當合適，

可說是適用於各種場合的料理食譜。

這次，食物造型師有幫忙挑選一些基本的碗盤食器，

以及提供針對餐具的選擇與擺盤上的一些建議。

為了呈現夢幻的美感，雖然要多下一點工夫，

但切開料理剖面時的那一瞬間，特別令人感動，

所以，請大家一定要動手試試看。若是要我給個建議，

那就是保持「用心製作」的心情就對了。

希望在本書裡頭，都能讓大家找到心目中的那一道「夢幻料理」。

市瀨悦子

美好時刻，少不了的一道「夢幻料理」 6

餐具選擇與擺盤規則 12

Part 1

花捲料理篇

包捲入後再切開

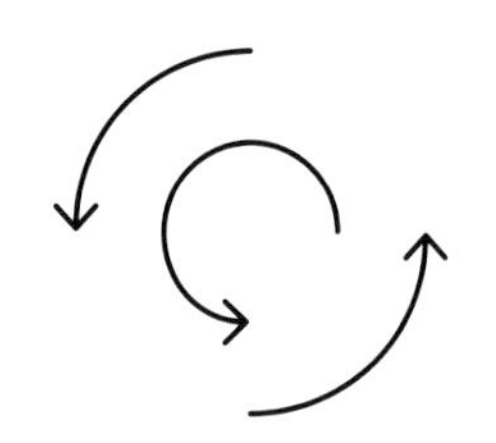

難易度

★★★ 紅蘿蔔豬肉捲 16

★★ 小松菜豬肉捲 16

★★ 紫甘藍豬肉捲 16

★★ 四季豆彩椒炸雞肉捲 20

★ 秋葵海苔炸豬肉捲 22

★ 玉米筍青紫蘇炸豬肉捲 22

★★ 馬鈴薯鮭魚沙拉高麗菜捲 26

★ 火腿蛋高麗菜捲 28

★ 菠菜蟹肉棒白菜捲 30

★★★ 雙色玉子燒 32

★★★ 酪梨沙拉生春捲 36

★★★ 火腿紫萵苣生春捲 36

★★★ 七彩生春捲 40

★★ 巴西利起司雞肉火腿捲 42

★★ 紅蘿蔔絲橄欖雞肉火腿捲 42

【本書的用量說明】

＊1大匙等於15mℓ、1小匙等於5mℓ、1杯等於200mℓ。

＊微波爐的加熱時間以600W為基準，依微波爐、烤箱等不同的機種，會產生些許差異。請依食譜所記載的加熱時間及溫度為基準，並觀察加熱情況適當調整。

Part 2
千層料理篇
層層堆疊再切開

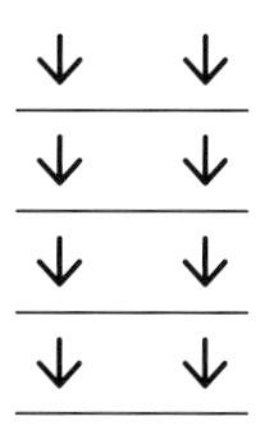

難易度

★ 菠菜、鮭魚、菇類法式鹹派 48
★★ 南瓜培根隱形蛋糕 50
★★ 馬鈴薯青花菜隱形蛋糕 52
★ 炸千層豆腐培根排 54
★★ 炸千層菠菜起司排 56
★ 炸千層鮭魚馬鈴薯排 58
★★★ 炸千層蓮藕紫蘇梅排 60
★ 酪梨雞肉玻璃杯沙拉 62
★ 鹿尾菜豆腐玻璃杯和風沙拉 63
★ 法國尼斯風玻璃杯沙拉 66
★ 高麗菜千層派 68
★★ 馬鈴薯千層派 70
★★★ 鯛魚千層押壽司 72
★★★ 鰻魚千層押壽司 73

Part 3
凍派料理篇
填塞壓模後再切開

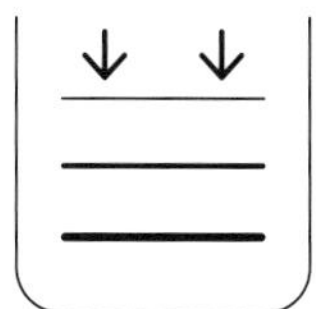

難易度

★ 青花菜橄欖烘肉餅 80
★★★ 鹿尾菜毛豆烘肉餅 82
★★★ 蔬菜蝦肉凍派 83
★ 鮭魚扇貝凍派 88
★★ 火腿、橘子、莫札瑞拉起司的香草凍派 90
★ 磅蛋糕模具彩色壽司 92
★ 生火腿南瓜餡長棍麵包 94

美好時刻，少不了的一道「夢幻料理」

晚餐的菜餚

四季豆彩椒炸雞肉捲　→p.20

one plate午餐輕食

菠菜、鮭魚、菇類法式鹹派　→ p.48

日常的便當菜

紅蘿蔔豬肉捲
紫甘藍豬肉捲　→p.16

野餐便當配菜

雙色玉子燒　→ p.32
炸千層鮭魚馬鈴薯排　→ p.58
炸千層蓮藕紫蘇梅排　→ p.60

招待客人時

法國尼斯風玻璃杯沙拉　→p.66
青花菜橄欖烘肉餅　→p.80

參加餐會時

鯛魚千層押壽司　→p.72
鰻魚千層押壽司　→p.73

餐具選擇與擺盤規則

無論再怎麼美味的料理完成後，會因擺放在什麼樣的餐具裡，而給人不同的觀感。
在此，以本書裡所使用到的餐具，為大家說明擺盤的基本規則。

白色的餐具是基本款，可採用不同的形狀製造變化

要能襯托出色彩豐富的料理，莫過於像是利用木製、玻璃製等這樣簡單的餐具。白色和任何色調的料理都很好搭配，所以重複用來盛裝各式各樣的料理也沒問題。但希望記住一點，依餐盤不同的形狀，所帶給人的視覺感受也會不同。只要備有下列4種形狀的餐盤，幾乎任何料理都能通用。

圓形平面餐盤

正因為形狀簡單，任何料理都能駕馭。帶邊的餐盤，成為設計的重點，只要將料理盛裝在上，光用看的就覺得是很厲害的一道料理。而無邊的就如一般的碗盤，依需求自行盛裝使用。

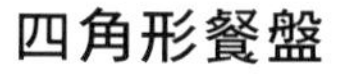

四角形餐盤

正方形或長方形的餐盤，給人一種中規中矩的感覺，並呈現出拘謹的氣氛。若是將料理以四角形擺放，可塑造出端正的形象，但若斜向排列的話，則又有一種隨性的視覺感。

橢圓形餐盤

橢圓形的餐盤，具有神奇力量，可以讓料理變得有時尚感。在盛裝排列料理時，製造一些留白的空間，會讓整道菜看起來更高貴優雅，而也可以將整個餐盤裝得滿滿的，給人一種招待豐盛的感覺。

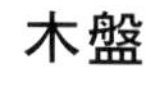

木盤

可以作為砧板的木盤，若想要展現隨性自然的風格時，就可以派上用場。
用來盛裝麵包或鹹派、肉類料理都相當合適，就像是法式小餐館裡的擺盤方式。

整齊排列、隨意擺盤

盛裝的方式大致分成2種。一種是整齊排列，讓食物的剖面可以一眼被看見。另一種是以稍微傾倒的方式隨意擺盤。押壽司或法式凍派等料理，就偏向用正統的整齊排列的方式，而肉捲或炸捲等料理，適合以隨意擺盤的方式，這樣會讓料理看起來更加美味。首先決定好要採用哪一種的擺盤方式，就能預見完成擺盤後的大致模樣。

以菜葉點綴裝飾

雖然光只有料理本身就夠醒目，但若能再加上一些，像是高麗菜或西洋菜、芝麻菜、芽菜等菜葉類的擺盤裝飾，視覺上的美味效果更加分。特別是偏茶色或是白色的料理，和反差色的綠色搭配在一塊，料理的顏色會更加跳脫出來。在添加菜葉時可以豪邁盡情地大量添加。若想要呈現出有個性的擺盤，祕訣在於西洋菜或芝麻菜等，不要切段、以整把直接擺放即可。

Part 1

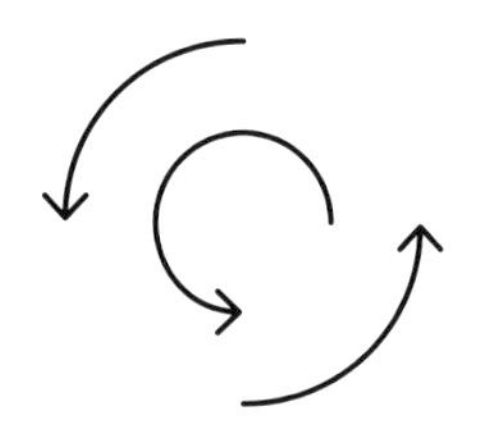

花捲料理篇

包捲入後再切開

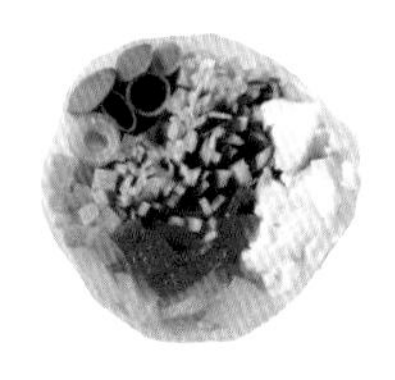

將肉類及蔬菜各種材料包捲起來後切開，
食物剖面令人為之驚豔的各種料理。
因為材料的大小和包捲的方式會左右呈現出來的剖面模樣，
所以切開時盡可能注意大小要一致、厚度要平均，還有包捲時要紮實緊密，
拿磨好的菜刀俐落地下刀是「夢幻剖面」的一大重點。
不論是出現在便當的配菜裡，或是和家人平日圍繞的餐桌上，
還請務必親自動手做做看。

→作法詳見p.18～19

紅蘿蔔豬肉捲
小松菜豬肉捲
紫甘藍豬肉捲

將紅蘿蔔、小松菜、紫甘藍這樣色彩鮮豔的蔬菜，薄薄地鋪一層在豬肉上，
接著一圈一圈捲起來，切開後就可以看到漂亮漩渦狀的花捲料理。
外觀比一般的肉捲來得華麗，吃起來口感也更加美味！
成功的祕訣在於鋪上蔬菜時，要平均等量。

a

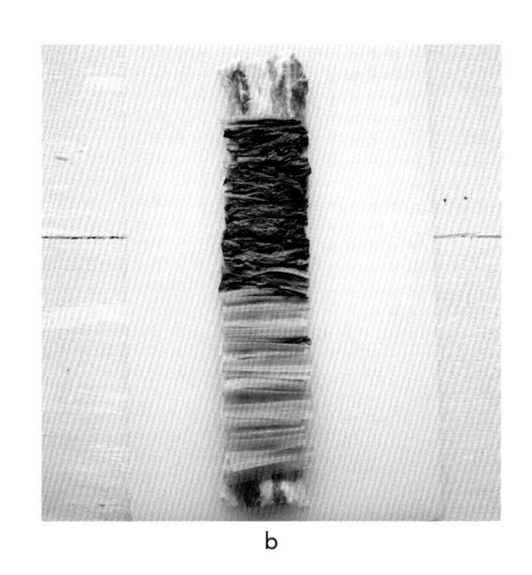

b

c

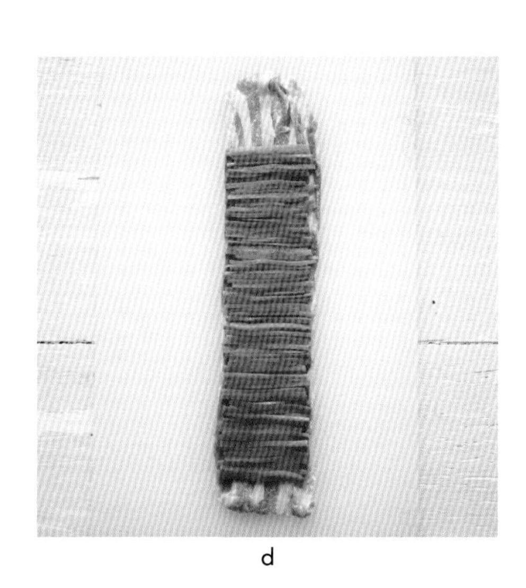

d

e

f

紅蘿蔔豬肉捲

難易度

★★★

＜材料＞3條（切9等分）

豬五花肉薄片		9片（200g）
紅蘿蔔		1小條（淨重120g）
沙拉油		1小匙
A	醬油	1又½大匙
	味醂	1又½大匙
	砂糖	1大匙

＜作法＞

1. 將紅蘿蔔切成長度6cm、厚度3mm的條狀。此步驟的紅蘿蔔條大小愈一致的話，完成品切開後的剖面就會愈漂亮，所以盡量切成一樣的大小。將紅蘿蔔條平均鋪放在耐熱容器內，以保鮮膜包覆後送入微波爐加熱約2分30秒，將加熱軟化後的紅蘿蔔條放置待冷卻。

2. 將3片豬五花肉縱向一片一片部分重疊鋪放，疊成1片約寬6cm的大小（a）。將⅓量的紅蘿蔔條，從靠近手邊約2cm處開始，將紅蘿蔔條整齊排列鋪上，用手輕壓調整使數量均等（d）。

3. 將靠近手邊的肉片捲一圈作為圓中心後，再繼續一直往下捲到結束（e）。一邊捲時，一邊撥掉當中多餘的紅蘿蔔條，使紅蘿蔔條沒有產生重疊。其它的2條也是同樣作法。

4. 平底鍋裡倒入沙拉油開中火加熱，將**3**步驟的肉捲最後封口處朝下放入鍋內熱煎。約煎2分30秒，待封口緊貼黏合並煎至恰到好處時即可翻面，用廚房紙巾擦去鍋內多餘的油分，以繞圈的方式倒入4大匙的飲用水，蓋上鍋蓋，轉至中小火燜燒8分鐘左右。

5. 用廚房紙巾擦去鍋內多餘的水分，倒入混合後的調味料**A**，待調味料充分沾附至肉捲上即完成。

6. 將1條肉捲切成3等分（f）。

擺盤重點

若是作為平日菜餚或入便當菜的話，1種肉捲就足夠了，在此的擺盤方式是以招待菜為取向，大橢圓盤裡盛有3種不同的肉捲。帶邊的餐盤，非常適合用來盛裝一圈一圈的肉捲。在此重點，除了可以將剖面的部分朝上擺放之外，也可以朝向側邊擺放。依個人喜好還可以增加包入青紫蘇，淋上已混合在一起的醬料，美味料理即完成。

小松菜豬肉捲

★ ★

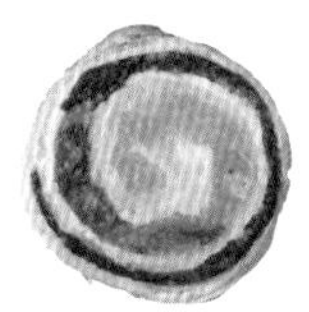

＜材料＞3條（切9等分）

豬五花肉薄片		9片（200g）
小松菜		1把（200g）
沙拉油		1小匙
A	醬油	1又½大匙
	味醂	1又½大匙
	砂糖	1大匙

＜作法＞

1. 將小松菜用保鮮膜包覆後，送入微波爐加熱約2分30秒，使小松菜軟化。將加熱後的小松菜泡入冷水，將水分擰乾、切成長6cm的大小後，再一次擰乾水分。預先將小松菜的菜葉和菜梗平均切成3等分。

2. 同p.18的**2**步驟，攤開豬肉片，將⅓量的小松菜排列鋪上（b）。鋪上時，菜梗鋪排在靠近手邊處，而菜葉則是鋪排在遠端的位置，用手輕壓小松菜調整使數量均等。同p.18的**3**步驟捲起肉捲。

3. 同p.18的**4**、**5**、**6**步驟煎好肉捲，待**A**充分沾附上肉捲後，切成3等分。

紫甘藍豬肉捲

★ ★

＜材料＞3條（切9等分）

豬五花肉薄片		9片（200g）
紫甘藍		2小片（淨重80g）
鹽		少許
檸檬汁		½小匙
沙拉油		1小匙
A	醬油	1又½大匙
	味醂	1又½大匙
	砂糖	1大匙

＜作法＞

1. 將紫甘藍切去粗硬的菜心，再切成細絲，撒上鹽並抓揉使鹽均勻附著，放置約5分鐘後擰去水分，接著均勻沾附上檸檬汁。

2. 同p.18的**2**步驟，攤開豬肉片，將⅓量的紫甘藍排列鋪上，用手輕壓紫甘藍調整使數量均等（c）。同p.18的**3**步驟捲起肉捲。一邊捲時若紫甘藍從兩旁跑出，請將跑出的紫甘藍再抓回放至肉捲中間。

3. 同p.18的**4**、**5**、 **6**步驟煎好肉捲，待**A**充分沾附上肉捲後，切成3等分即完成。

四季豆彩椒炸雞肉捲

以紅、綠、黃3色蔬菜搭配而成的捲物，
切開時的剖面，呈現出如同雙色方格紋的模樣。
成功祕訣在於彩椒要切成和四季豆一樣的粗細大小。
很適合作為家常菜的一道料理。
若是作為便當菜的話，也絕對會受到大小朋友的喜愛。

a

難易度

★★

＜材料＞3條（切9等分）

雞里肌肉	3片
紅、黃椒	各15g
四季豆	3支
鹽、胡椒	各少許
低筋麵粉、全蛋液、麵包粉	各適量
炸油	適量

＜作法＞

1. 將雞里肌肉縱向鋪放，用菜刀從中間順著雞肉的紋路左右切開，並仔細地將雞肉的筋去除。用保鮮膜上下包夾住雞肉，用擀麵棍輕壓成約厚7mm大小的肉片（a），並撒上鹽、胡椒。

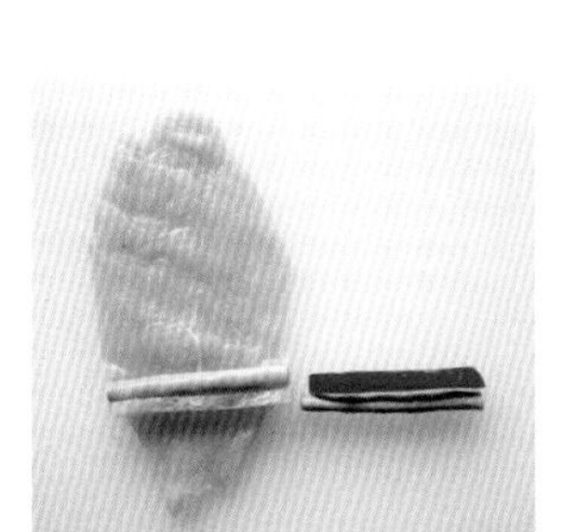

b

2. 將紅、黃椒分別縱向切成寬7～8mm的條狀各3條。紅、黃椒要切成和四季豆一樣的粗細大小，並將切口的部份切成正方形狀，這樣切開肉捲時的剖面才會漂亮。四季豆切去根部，長度對切一半。

c

3. 將雞里肌肉縱向鋪放，將彩椒和四季豆交叉疊放，使形成一個正方形，從靠近手邊的位置開始鋪放（b），用手邊輕壓邊捲起肉捲（c），其它2條也是同樣作法。

4. 依序裹上低筋麵粉、全蛋液、麵包粉（d）。平底鍋裡倒入2～3cm深的炸油，油熱至170℃後將肉捲放入鍋內。邊炸邊適時翻面，約炸4分鐘後起鍋、瀝乾油分。

d

5. 1條切成3等分的圓輪（e）。

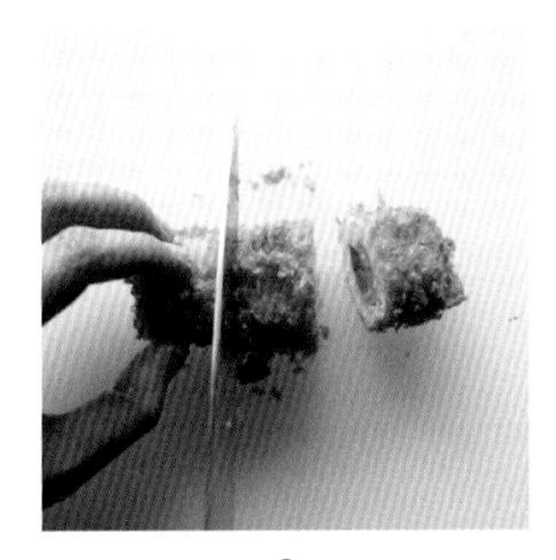

e

擺盤重點

井然有序的雙色方格紋是此道料理的獨特魅力。將剖面的部份，全部朝上盛裝在平面餐盤裡，讓人一眼就能看見，也更加深了剖面的趣味感。不需要大費周章就能簡單完成的料理，加入高麗菜絲點綴裝飾、在旁邊擠一點芥末醬，最後淋上中濃醬汁就可以開動囉。

→作法詳見p.24～25

秋葵海苔炸豬肉捲
玉米筍青紫蘇炸豬肉捲

將具有獨特剖面模樣的秋葵和玉米筍捲進豬肉裡，
炸得酥酥脆脆的口感。
黏糊糊的秋葵搭上海苔的風味，
香噴噴的玉米筍帶著清爽的紫蘇香，
這兩種組合是絕妙搭配。

a b c d e f

秋葵海苔
炸豬肉捲

難易度

＜材料＞3條（切9等分）

豬五花肉薄片	9片（180g）
秋葵	3根
燒海苔	1整張
鹽、胡椒	各少許
低筋麵粉、全蛋液、麵包粉	各適量
炸油	適量

＜作法＞

1. 秋葵撒上少許鹽（份量外），放在砧板上用手輕壓滾一滾，在水龍頭下沖洗後拭去水分，切去秋葵的蒂頭。將燒海苔縱向切成3等分。

2. 將豬肉縱向鋪放，一邊調整豬肉方向，一邊將3片豬肉一片一片疊放在一起，形成一大片寬7cm大小的豬肉片，撒上鹽、胡椒（a）。

3. 將燒海苔縱向擺放，在靠近手邊處鋪上秋葵（c），先將燒海苔捲上一圈後，接著捲起靠近手邊的豬肉（d）。其它2條也是同樣作法。

4. 依序裹上低筋麵粉、全蛋液、麵包粉（e）。平底鍋裡倒入2～3cm深的炸油，油熱至180℃後將肉捲放入鍋內。邊炸邊適時翻面，約炸3分30秒後起鍋、瀝乾油分。

5. 1條切成3等分的圓輪（f）。

玉米筍青紫蘇
炸豬肉捲

難易度

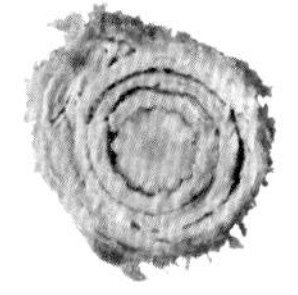

＜材料＞3條（切9等分）

豬五花肉薄片	9片（180g）
玉米筍（水煮）	3根
青紫蘇	12片
鹽、胡椒	各少許
低筋麵粉、全蛋液、麵包粉	各適量
炸油	適量

＜作法＞

1. 將豬肉縱向鋪放，一邊調整豬肉方向，一邊將3片豬肉一片一片疊放在一起，形成1大片寬7cm大小的豬肉片，撒上鹽、胡椒（a）。

2. 將4片青紫蘇縱向重疊擺放，在靠近手邊處鋪上玉米筍（b），先將青紫蘇捲上一圈後，接著捲起靠近手邊的豬肉（d）。其它2條也是同樣作法。

3. 依序裹上低筋麵粉、全蛋液、麵包粉。平底鍋裡倒入2～3cm高的炸油，油熱至180℃後將肉捲放入鍋內。邊炸邊適時翻面，約炸3分30秒後起鍋、瀝乾油分。

4. 1條切成3等分的圓輪。

擺盤重點

四方形的餐盤，很容易給人一種不好擺盤的感覺，但其實四方形的餐盤，隨性擺放就很好看，所以家裡準備一個這樣的餐盤，要用時就很方便。比起圓形餐盤更具獨特性，一擺到餐桌中間，相當吸引眾人目光。油炸的剖面模樣也別具趣味性，只要隨性地重疊排放，給人感覺很有份量的一道料理。搭配炸物的綜合生菜斜放在餐盤一角，再附上一碟中濃醬汁作為沾醬。

馬鈴薯鮭魚沙拉
高麗菜捲

已調味完成帶有鹹味的煙燻鮭魚，
搭配上濃醇滑順的馬鈴薯沙拉，
結合在口中咬下喀嚓一聲的清脆高麗菜，
分開時各有各的風味，但令人驚訝的是，
結合在一起時的口感又是如此的和諧。
可以搭配白酒一起享用，或是作為便當菜也很適合。

a

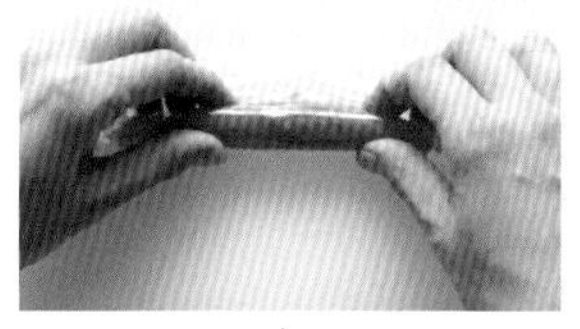

b

c

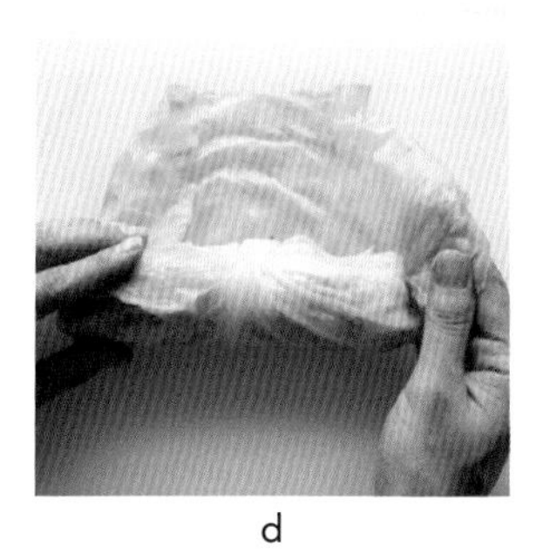

d

e

難易度

★★

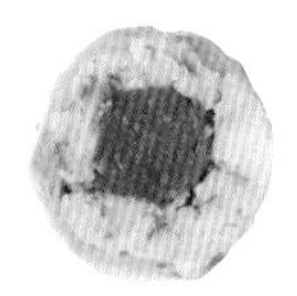

<材料>1條（切8等分）

高麗菜		1大片（70g）
馬鈴薯		1顆（120g）
巴西利（切碎末）		1大匙
煙燻鮭魚		4～5片（40g）
A	美乃滋	2小匙
	醋	⅓小匙
	鹽、胡椒	各少許

<作法>

1. 煮一鍋水將高麗菜燙軟，撈起泡入冷水冷卻，用廚房紙巾將水分擦乾，將菜心削去。

2. 馬鈴薯洗淨後用保鮮膜包覆，送入微波爐加熱約3分鐘。將馬鈴薯外皮剝下用湯匙壓碎並放置冷卻，加入巴西利碎末、**A**混合均勻。

3. 攤開保鮮膜，將4～5片的煙燻鮭魚重疊擺放在上，橫向排列的寬度約10cm（a）。利用保鮮膜和煙燻鮭魚一起捲成一捲（b）。

4. 將高麗菜鋪放在砧板上，菜梗的部分朝縱向擺放，將**2**的食材從靠近手邊的高麗菜的1～2cm處開始鋪入，鋪成左右15cm×上下10cm的大小，將撕下保鮮膜後的**3**擺放在靠近手邊的適當位置（c）。從靠近手邊的馬鈴薯沙拉開始捲一圈，使挨近最遠端的馬鈴薯沙拉，將高麗菜兩端往內側摺入（d），繼續捲到結束。

5. 切成8等分的圓輪（e）。

擺盤重點

怎麼看剖面都是相當可愛的一道料理，簡單地擺放在白色圓形餐盤裡就很好看。排列時製造一些間隔空間，呈現出輕鬆愜意的感覺，不扭捏造作的一道創意拼盤。再淋上一些橄欖油的話，除了可以給人一種高級的印象，搭配一起享用美味更加分。

火腿蛋高麗菜捲

採用火腿與蛋的招牌組合，
結合鬆軟的雞蛋一起包捲，美味口感再升級。
利用家裡隨手可得的食材就能馬上製作，
就像生菜沙拉般的輕食，吃再多也不會膩，很輕爽的一道料理。
只要包捲一下作法簡單，讓我們一起動手做做看吧。

a

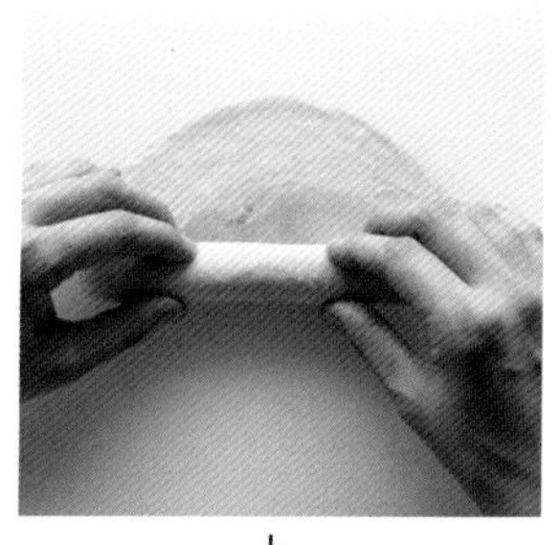

b

c

d

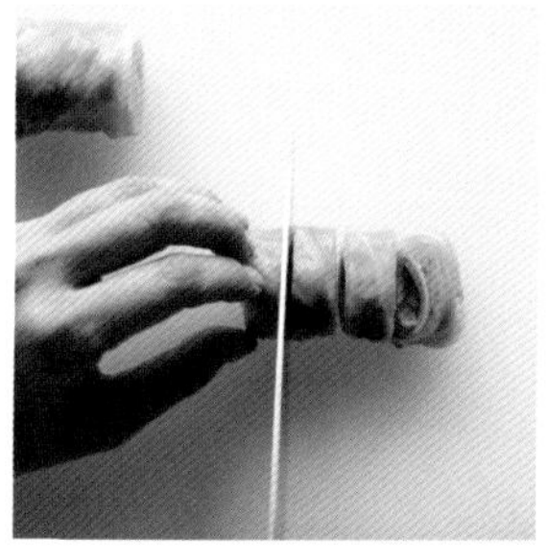

e

難易度

★

＜材料＞1條（切8等分）

高麗菜		1大片（70g）
里肌火腿		2片
A	全蛋液	1顆的量
	鹽、胡椒	各少許
沙拉油		少許
B	美乃滋	1又½大匙
	芥末醬	½大匙
	牛奶	1小匙

＜作法＞

1. 煮一鍋水將高麗菜燙軟，撈起泡入冷水冷卻，用廚房紙巾將水分擦乾，將菜心削去。

2. 選用鍋底直徑約16cm大小的平底鍋，倒入沙拉油中火加熱，將混合後的**A**慢慢倒入鍋內，轉小火繼續熱煎。煎至蛋皮的邊緣成型、約半熟時翻面，再熱煎一下後起鍋放置冷卻。

3. 將2片火腿橫向鋪放在**2**的蛋皮上（a），從靠近手邊處開始包捲（b）。

4. 將高麗菜鋪放在砧板上，菜梗部位朝縱向擺放，將**3**擺放在靠近手邊適當的位置（c）。從靠近手邊處開始捲一圈，將高麗菜兩端往內側摺入（d），繼續捲到結束。

5. 切成8等分的圓輪 （e）。擺盤、附上一碟混合後的**B**醬料。

擺盤重點

特點是比起圓形餐盤，盛裝在四方形餐盤裡，給人較為俐落的感覺。即使是1人份圓形狀的料理，擺到四方形的餐盤上，又將料理排列成四方形狀，整體上不失和諧感。若是盛裝在方形大餐盤裡，可以將料理集中在單一側，另一側擺上裝有沾醬的小碟子，稍微花點小巧思，就能完成如同餐廳般的擺盤設計。

菠菜蟹肉棒白菜捲

作法只是將菠菜和蟹肉棒包捲入白菜內即完成，

蟹肉棒的紅&白，切開後的剖面，意外地蠻像大理石的模樣。

可以作為充滿視覺享受的前菜料理。

滑嫩清爽的口感，簡單作法料理，就能品嚐到芝麻油的濃醇香。

難易度

★

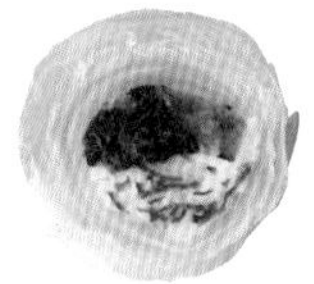

＜材料＞2條（切8等分）

白菜	2片（200g）	蟹肉棒	3條
菠菜	⅓把（70g）	鹽、黑胡椒粒、芝麻油	各適量

＜作法＞

1. 白菜縱向對切一半，煮一鍋水放入白菜，煮至白菜的菜梗變軟，撈起泡入冷水冷卻後，用廚房紙巾將水分擦乾。

2. 同一鍋水，菜梗朝下將菠菜放入鍋內，煮至軟化後撈起泡入冷水冷卻，擦乾水分。將菠菜齊切成約寬6cm的段狀，再一次擦乾水分。將蟹肉棒剝成鬆鬆的粗條狀。

3. 將切好的2片白菜鋪放在砧板上，菜梗朝靠近手邊的方向，縱向對切的切口處朝外側擺放，形成約寬6cm的一大片白菜（a）。將半量的2從靠近手邊處開始鋪放（b），從靠近手邊處開始包捲（c）。另外1條也是同樣捲法。

4. 1條切成4等分的圓輪（d）。

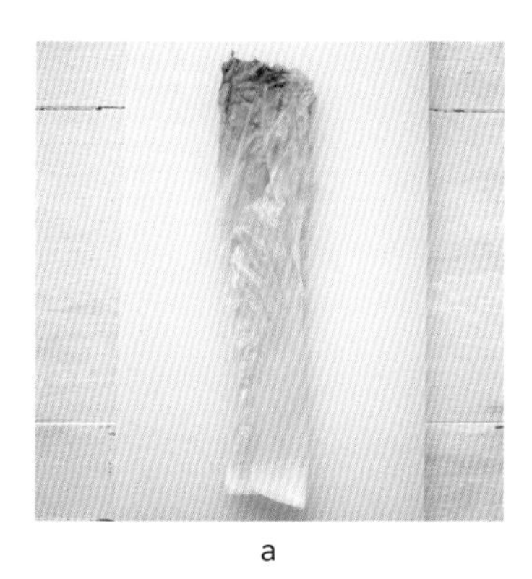

a

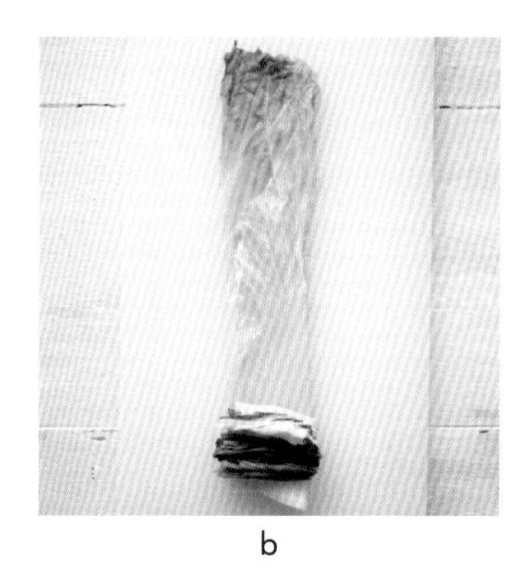

b

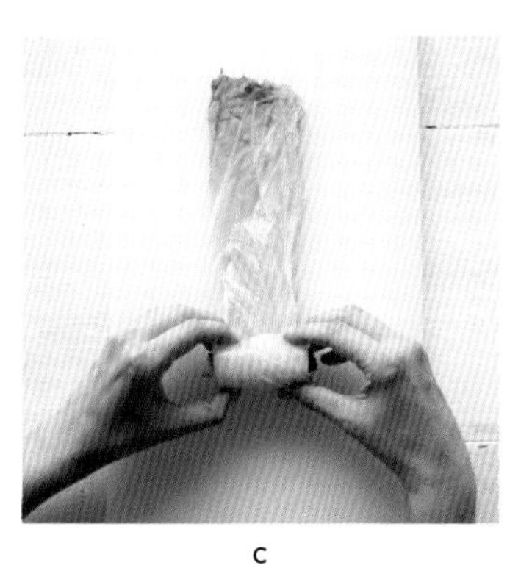

c

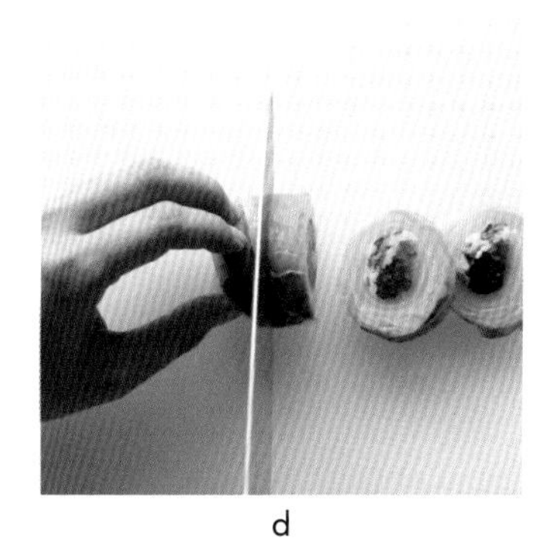

d

擺盤重點

很適合當作前菜或小菜的一道料理，所以可以用1人份的小碟子盛裝。或是盛裝在每個家庭都有的一盤的分菜盤也不錯。白色的餐盤映照出白菜捲優雅的色澤，讓人看到這道料理的細膩之處。在上面撒上一些鹽和黑胡椒粒，再淋點芝麻油就可以享用囉。

四種口味的雙色玉子燒

→作法詳見p.34～35

雙色玉子燒

便當菜裡不可缺席的玉子燒，
將外部蛋皮和內部餡料分開煎煮，
令人感到驚奇的一道料理。
替換一下內部餡料，除了外觀顏色改變之外，
也會呈現出不一樣的味道和口感，享用美食時又多了幾分樂趣。
內部餡料容易黏附至外皮上，所以煎煮時請多注意。

雙色玉子燒（白）

難易度

★ ★ ★

＜材料＞1條的量

雞蛋		3顆
A	砂糖	4小匙
	味醂	2小匙
	鹽	2小撮
沙拉油		適量

＜作法＞

1. 將2顆雞蛋的蛋白和蛋黃分開。2顆蛋白和2顆蛋黃＋1顆全蛋，分別裝在不同的容器內，各自充分攪拌打散後，再將**A**各一半分別倒入個別的容器內並均勻混合。

2. 在玉子燒專用的平底鍋倒入少許的沙拉油，利用廚房紙巾抹開鍋內的沙拉油，使在鍋內形成薄薄的一層，開中火加熱。倒入蛋白使流滿鍋面，迅速混合後將蛋白集中在平底鍋的前端，兩面互相翻煎以固定修整形體。

3. 煎好的蛋白捲至靠在前方那一端（a），下方空出來的空間，刷上一層薄薄的油，倒入蛋黃使流滿鍋面，已捲好在一端的蛋白，用鍋鏟鏟起提高，讓蛋黃的汁液也能流至蛋白捲下方的鍋面（b）。待煎至表面呈半熟狀態後，從靠近手邊的蛋黃開始翻捲，剩下的蛋黃液也是重複同樣的動作（c）。

4. 切成6等分（d）。

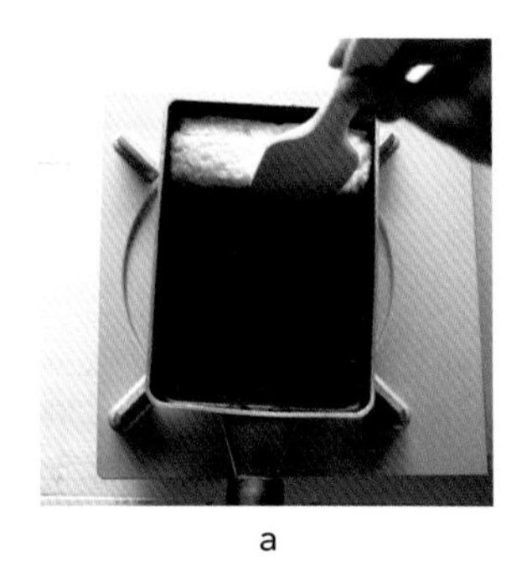

a

b

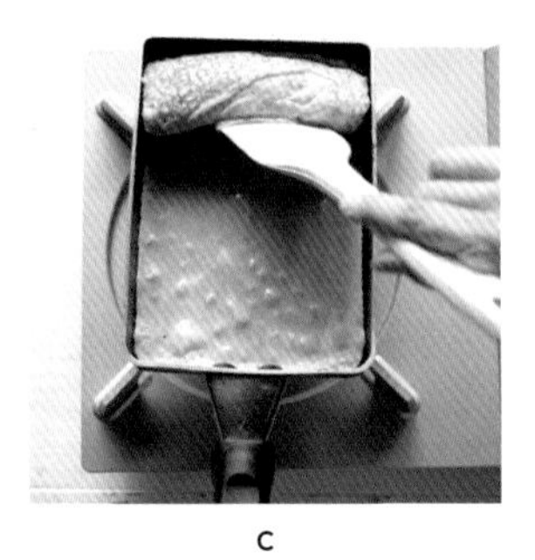

c

d

擺盤重點

像p.32那樣，在家庭派對上一口氣作出4種不同口味的玉子燒，全部盛裝在一個大餐盤裡，必定會讓派對的歡樂氣氛更加沸騰。大膽地擺盤、露出色彩炫麗的剖面供人欣賞吧。如果是作為平日吃的菜餚，就是一般的玉子燒料理！可以變化多種口味，依口味可以搭配蘿蔔泥和醬油沾料。

雙色玉子燒（綠）

難易度

＜材料＞1條的量

雞蛋		3顆
菠菜		¼把（50g）
A	砂糖	4小匙
	味醂	2小匙
	鹽	2小撮
沙拉油		適量

＜作法＞

1. 菠菜切碎並用保鮮膜包覆，送入微波爐加熱約1分鐘。泡入冷水冷卻，擦乾水分，再用菜刀剁得更細並拍打。

2. 將2顆雞蛋的蛋白和蛋黃分開。將2顆蛋白＋**1**的菠菜，和2顆蛋黃＋1顆全蛋，分別裝在不同的容器內，各自充分攪拌打散後，再將各一半的**A**分別倒入個別的容器內並均勻混合。

3. 同p.34的**2**、**3**、**4**步驟。

雙色玉子燒（粉紅）

難易度

★ ★ ★

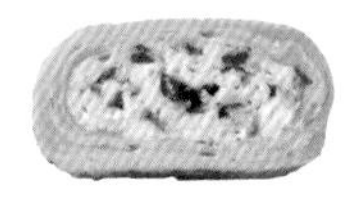

＜材料＞1條的量

雞蛋		3顆
日本漬物（切細末）		1大匙
A	砂糖	4小匙
	味醂	2小匙
	鹽	2小撮
沙拉油		適量

＜作法＞

1. 將2顆雞蛋的蛋白和蛋黃分開。將2顆蛋白＋日本漬物，和2顆蛋黃＋1顆全蛋，分別裝在不同的容器內，各自充分攪拌打散後，再將各一半的**A**分別倒入個別的容器內並均勻混合。

2. 同p.34的**2**、**3**、**4**步驟。

雙色玉子燒（黑）

難易度

＜材料＞1條的量

雞蛋		3顆
海苔醬		2小匙
A	砂糖	4小匙
	味醂	2小匙
	鹽	2小撮
沙拉油		適量

＜作法＞

1. 將2顆雞蛋的蛋白和蛋黃分開。將2顆蛋白＋海苔醬，和2顆蛋黃＋1顆全蛋，分別裝在不同的容器內，各自充分攪拌打散後，再將各一半的**A**分別倒入個別的容器內並均勻混合。

2. 同p.34的**2**. **3**. **4**.步驟。

→作法詳見p.38～39

酪梨沙拉生春捲
火腿紫萵苣生春捲

利用不同的餡料，外觀和口味變化萬千的生春捲。
此篇介紹的是粉紅搭綠色的雙色生春捲。
一道是以酪梨作為基底食材，沾山葵醬油一起吃的和風味生春捲，
另一道是採用紫萵苣或西洋芹等西洋蔬菜，再搭配芝司一起包捲，
沾橄欖油一起吃的西式生春捲。

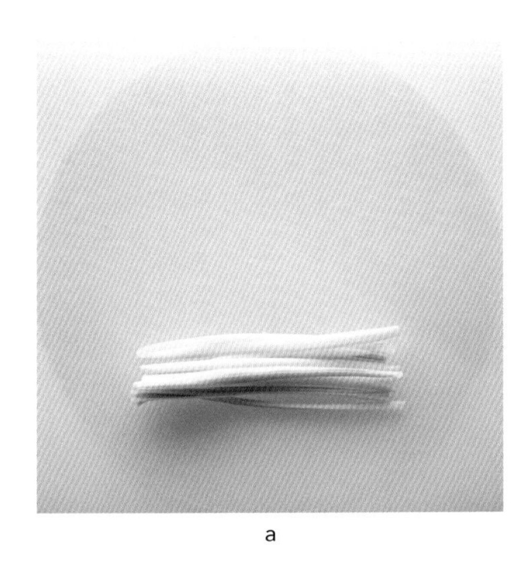
a

b

c

d

e

f

酪梨沙拉
生春捲

難易度

★★★

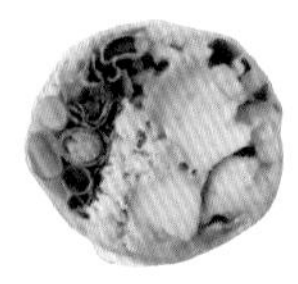

＜材料＞4條的量

酪梨	1顆（淨重150g）
小黃瓜	½條（50g）
日本水菜	⅕把（40g）
細蔥	4支
金槍魚罐頭	1小罐（70g）
越南米紙（生春捲皮）	4張
檸檬汁	少許
A 醬油	½大匙
A 芝麻油	1大匙
A 山葵	⅓小匙

＜作法＞

1. 去除酪梨的皮及果實並切成寬1cm的條狀，加入檸檬汁混拌。小黃瓜切絲、水菜、細蔥切成長約12cm的段狀。金槍魚徹底濾掉罐頭汁。預先將材料均分成4等分（水菜的梗和葉也須均等平分）。

2. 將1張越南米紙快速沾一下水後鋪放至砧板上，從靠近手邊約3cm處開始，依序鋪上細蔥、水菜（c）、小黃瓜絲、酪梨條，接著在上方擺放金槍魚（d）。將其餘的包材配合著水菜的寬度排列鋪放，整體的粗細大小就會比較平均。

3. 趁著生春捲皮還是濕潤狀態時，從靠近手邊處開始，一邊將材料緊緊壓住一邊捲起捲皮（e），將捲皮的兩端往內側摺入，繼續捲到結束。其它3條也是同樣作法。

4. 1條切成4等分的圓輪（f）。擺盤、附上一碟混合後的**A**醬料。

火腿紫萵苣
生春捲

★ ★ ★

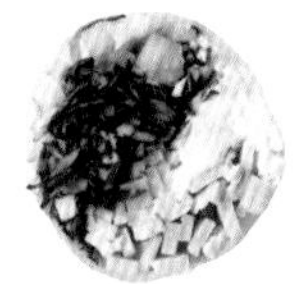

＜材料＞4條的量

里肌火腿	8片
紫萵苣 （或紫甘藍）	100g
西洋芹	⅔把（60g）
茅屋起司 （已過濾乳清）	100g
越南米紙 （生春捲皮）	4張
A 橄欖油	1大匙
A 檸檬汁	1小匙
A 鹽、胡椒	各少許

＜作法＞

1. 火腿切細條、紫萵苣切細絲。西洋芹切成長12cm的段狀、厚度切對半、再切成細條。預先將全部材料均分成4等分。

2. 將1張越南米紙快速沾一下水後鋪放至砧板上，在靠近手邊約3cm處開始，依序鋪上西洋芹（a）、紫萵苣、火腿，接著在上方擺放茅屋起司（b）。將其餘的包材配合著西洋芹的寬度排列鋪放，整體的粗細大小就會比較平均。

3. 趁著生春捲皮還是濕潤狀態時，從靠近手邊處開始，一邊將材料緊緊壓住一邊捲起捲皮，將捲皮的兩端往內側摺入，繼續捲到結束。其它3條也是同樣作法。

4. 1條切成4等分的圓輪。擺盤、附上一碟混合後的**A**醬料。

擺盤重點

紫萵苣的紫色，散發出如同大人般的成熟魅力，完成了這道粉嫩生春捲，再加上有著綠色系漸層色的翠綠生春捲，全部盛裝到橢圓形的大餐盤上。只要將橢圓形的大餐盤往餐桌上一擺，華麗感自然呈現，擺盤的方式也很簡單。試著動手看看，就像是綜合拼盤，排列時製造一些間隔空間，但又不會失去整體平衡的擺盤。沾醬的顏色也很漂亮，裝在玻璃容器裡更加出色。

七彩生春捲

7種顏色的包捲材料，就像是彩虹的生春捲，
擁有咬起來喀嚓作響、脆脆的口感，陣陣香氣在嘴裡散開，
除了視覺上的享受，吃起來也是相當美味的一道料理。
滿滿的蔬菜量，又多彩繽紛，
很適合姐妹間的聚會等，絕對會引起歡聲雷動。

a

★ ★ ★

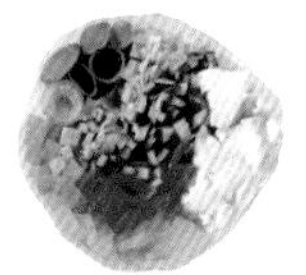

＜材料＞4條的量

雞里肌肉		2條（100g）
萵苣		1片（30g）
紫甘藍		1小片（30g）
紅蘿蔔		⅙根（25g）
紅・黃椒		各⅓個
細蔥		4支
越南米紙（生春捲皮）		4張
A	米酒	½大匙
	鹽、胡椒	各少許
B	美乃滋	2大匙
	番茄醬	1小匙

＜作法＞

1. 將雞里肌肉放在耐熱容器內並撒上**A**，用保鮮膜包覆，送入微波加熱約1分30秒使雞肉軟化，放置冷卻後用手稍微將雞肉撕開。

2. 萵苣、紫甘藍、紅蘿蔔、紅・黃椒全部切成細絲。細蔥切成長12cm的段狀。預先將全部材料均分成4等分（a）。

3. 將1張越南米紙快速沾一下水後鋪放至砧板上，在靠近手邊約3cm處開始，依序鋪上細蔥（b）、紅蘿蔔、萵苣、紫甘藍、酪梨，紅黃椒（c）。將其餘的包材配合著細蔥的寬度排列鋪放，整體的粗細大小就會比較平均。

4. 趁著生春捲皮還是濕潤狀態時，從靠近手邊處開始，一邊將材料緊緊壓住一邊捲起捲皮（d），將捲皮的兩端往內側摺入，繼續捲到結束。其它3條也是同樣作法。

5. 1條切成4等分的圓輪。擺盤、附上一碟混合後的**B**醬料。

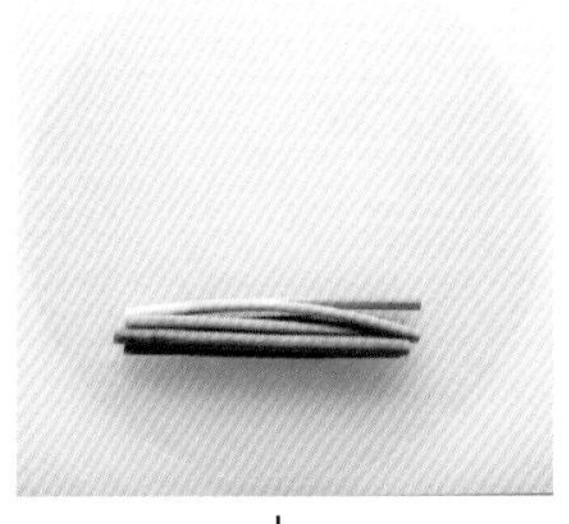
b

c

d

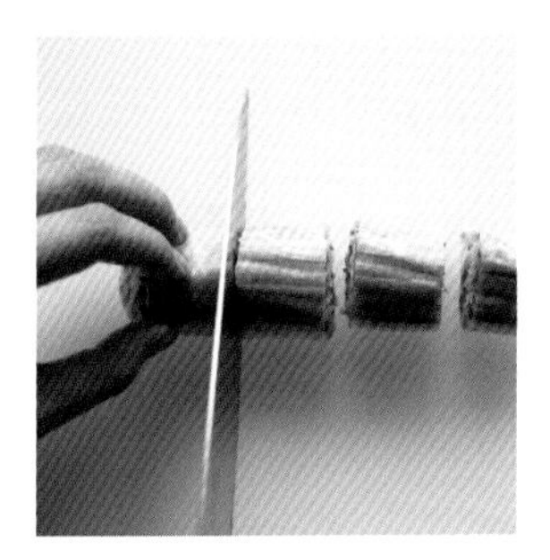
e

擺盤重點

一個個都是七彩繽紛的個體，全部集合起來就像是一畝彩虹花田，所以在此大膽採用圓形的小餐盤，將生春捲緊密集中盛裝。使用無邊的餐盤也可以，但帶邊的餐盤會比較有設計感，整體視覺感受也會更加協調。

→作法詳見p.44～45

巴西利起司雞肉火腿捲
紅蘿蔔絲橄欖雞肉火腿捲

在品酒會等場合不可或缺的雞肉火腿，既耐放作法又簡單，
是人人都會想學起來的一道料理。
此篇，有採用紅蘿蔔絲和橄欖作為包捲材料，
切開後的剖面詼諧有趣又不失華麗，
一起吃下美味加分，製作出來的味道，成功率也很高。

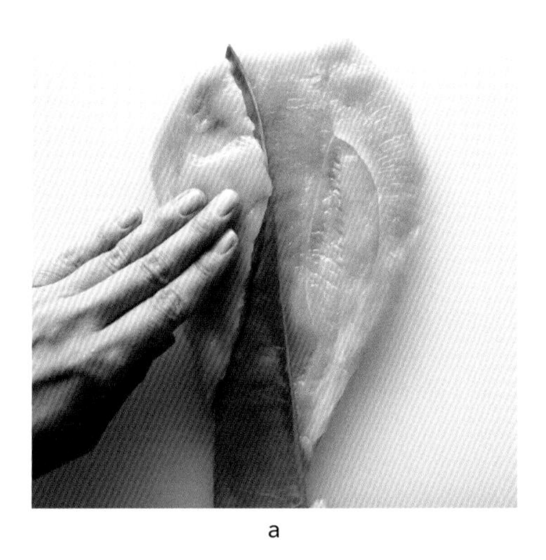

a

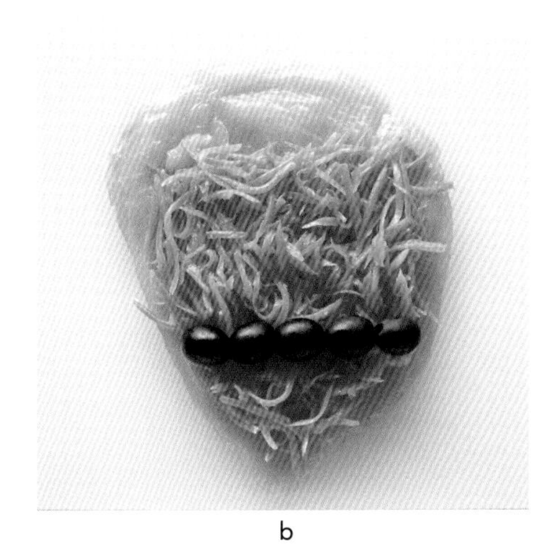

b

c

d

e

f

巴西利起司
雞肉火腿捲

★★

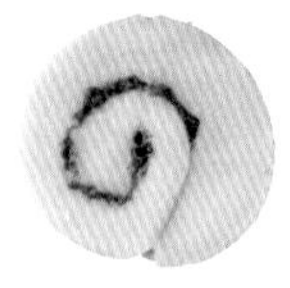

＜材料＞方便料理的量

雞胸肉（無皮）		2片（各200g）
A	鹽、砂糖	各½大匙
	胡椒	少許
巴西利（切碎末）		5大匙
加工乳酪		30g

＜作法＞

1. 將雞里肌肉縱向鋪放，用菜刀從中間順著雞肉的紋路左右切開（a），將**A**的各一半分別均勻塗刷在2片雞肉上。放入保鮮袋擠掉空氣並攤平雞肉，預先放入冰箱冷藏7～8小時。

2. 將乳酪切成長12cm、1cm的角型棒狀各2條。用廚房紙巾擦乾雞肉水分，鋪放在砧板上，雞肉較薄的地方朝靠近手邊處。最遠端留白約5cm，其餘全部鋪滿一半的巴西利，從鋪滿巴西利的中央到大概靠近手邊處，橫放1條乳酪條（c），從靠近手邊處開始捲起（d）。

3. 準備各2張裁切成30cm正方形的保鮮膜和鋁箔紙，將**2**用保鮮膜包起來（e），接著用鋁箔紙以糖果的包裝方式包捲起來。其它1條也是同樣作法。

4. 煮一鍋滾水，將**3**放入鍋內轉小火約煮3分鐘，上下翻個面再約煮2分鐘。關火，蓋上鍋蓋放置約2小時，利用餘溫持續加熱。

5. 拆掉鋁箔紙、保鮮膜，切成厚1cm的圓片（f）。

紅蘿蔔絲橄欖
雞肉火腿捲

難易度

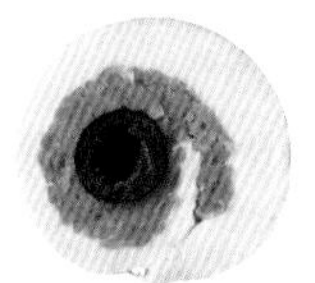

＜材料＞方便料理的量

雞胸肉（無皮）		2片（各200g）
A	鹽、砂糖	各½大匙
	胡椒	少許
紅蘿蔔		1條（150g）
橄欖（黑色・無籽）		10顆
鹽		1小撮
B	橄欖油	1又½大匙
	檸檬汁	1小匙
	鹽、胡椒	各少許

＜作法＞

1. 將雞里肌肉縱向鋪放，用菜刀從中間順著雞肉的紋路左右切開（a），將**A**的各一半分別均勻塗刷在2片雞肉上。放入保鮮袋擠掉空氣並攤平雞肉，預先放入冰箱冷藏7～8小時。

2. 紅蘿蔔刨削成絲（沒有刨削器就用菜刀），盡可能切成細絲狀，撒上鹽快速翻攪混合一下，放置10分鐘後用力按壓、擠掉水分。將**B**加入均勻混合，靜置約10分鐘使調味料充分融合。

3. 用廚房紙巾擦乾雞肉水分，鋪放在砧板上，雞肉較薄的地方朝靠近手邊處。最遠端留白約5cm，其餘全部鋪滿一半瀝乾水分的紅蘿蔔絲，從鋪滿紅蘿蔔絲的中央到大概靠近手邊處，排列放上5顆橄欖（b），從靠近手邊處開始捲起。其它1條也是同樣作法。

4. 同p.44的**3**、**4**、**5**步驟。

擺盤重點

法式餐廳風的作法，會將料理斜擺在木砧板上，在外邊放上一些香草（這裡指平葉巴西利）及西式醬菜點綴裝飾。木砧板用來盛裝歐風的前菜料理十分方便，所以建議家中可以至少準備一個。在木砧板上切開料理後，就直接擺放盛裝。

Part 2

千層料理篇

層層堆疊再切開

將食材層層堆疊後再切開，所以稱之為（千層）料理。
這類料理大家很熟悉的有，像是隱形蛋糕及千層炸物、押壽司等。
憑藉著不同的食材組合方式，展現令人為之驚豔的（夢幻）料理。
作法只有層層堆疊，大多數的料理作法，令人想像不到的簡單。
此道料理頗有份量，所以很適合在人多的餐會中登場亮相。
製作時，一邊想像切開料理後，會看到什麼樣的風景呢，
重點在於堆疊食材時，請注意不要有空隙產生，要平均堆疊。

菠菜、鮭魚、菇類法式鹹派

只要將蛋奶醬（appaleil）加到冷凍派皮裡，
再用烤箱烘烤，法式鹹派的作法就是這麼簡單。
只要將混合3種材料的蛋奶醬（appaleil），
依序倒入派皮裡，3層法式鹹派即完成。
參加各式餐會時，非常適合帶去的一道料理。

a

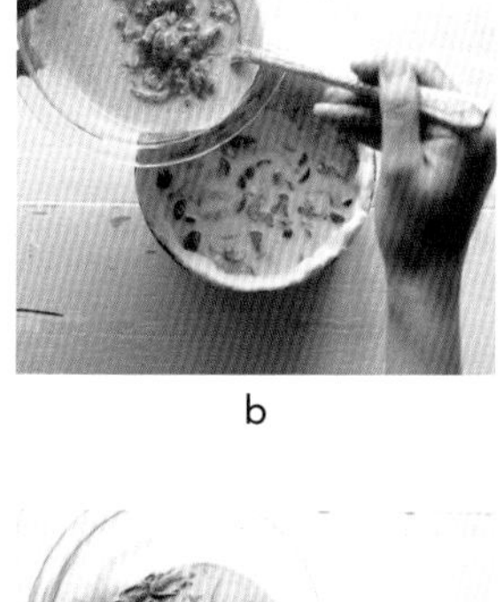

b

c

d

e

難易度

★

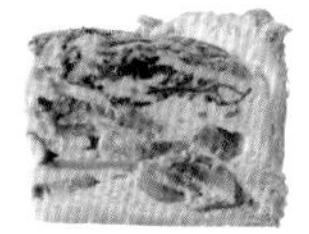

＜材料＞1個直徑15cm圓形模具的量

蘑菇		1袋（100g）
鴻喜菇		½袋（50g）
菠菜		½把（100g）
煙燻鮭魚		100g
冷凍派皮		10×18cm 2張
橄欖油		1小匙
A	全蛋液	4顆的量（200g）
	牛奶	½杯
	鮮奶油	½杯
	起司粉	5大匙
	鹽	¼小匙
	胡椒	少許

＜作法＞

1. 將冷凍派皮半解凍後，2張相疊並拉展至約25×25cm的大小。將派皮鋪入圓形模具（可拆式底盤）內，將圓形模具邊上多餘的派皮剝下或剪去。預先放入冰箱冷藏。

2. 蘑菇切薄片、鴻喜菇分成小朵。平底鍋裡倒入橄欖油開中火加熱，炒至菇類軟化為止，靜置待完全冷卻。

3. 將菠菜放入滾水裡，加入少許鹽（份量外）一起燙煮，菠菜燙熟撈起放入冷水冷卻。菠菜擰去水分並切成長4cm的段狀，再一次將水分充分擰乾。

4. 煙燻鮭魚切成長1cm。烤箱預熱至160℃。

5. 將**A**全部混合均勻。倒出⅓量的**A**（140g）和**2**一起混合，接著倒入**1**的模具內（a），將菇類整平。然後，再倒出⅓量的**A**（140g）和**4**一起混合，接著再慢慢倒入模具內（b），將鮭魚整平。最後，將剩下⅓量的**A**（140g）和**3**一起混合，接著再慢慢倒入模具內（c），將菠菜整平（d）。

6. 將模具送入預熱160℃的烤箱烘烤65～70分鐘（e）。用竹籤刺入成品，確認沒有濕黏的麵糊即完成。待放涼後從模具取出成品，切成放射狀的塊狀。

擺盤重點

用圓形模具烤出的法式鹹派，最適合盛裝在圓形的木砧板上。烘烤後的派皮，質地和木頭的質感搭起來效果奇佳。在木砧板上直接切分成塊後，就可以直接端上餐桌。在圓形的木砧板上，食物會更好切分及排列，所以不論何時，圓形木砧板都是非常方便的餐具。

南瓜培根隱形蛋糕

將材料切成薄薄的，模具內整面鋪滿。
切開時會出現千層剖面的效果，稱之為隱形蛋糕。
切開後橄欖的圓形剖面隱約可見。
鹹甜比例恰到好處的一道料理。

a

b

c

d

e

難易度

★★

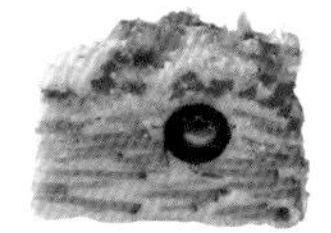

＜材料＞1個直徑15cm圓形模具的量

南瓜	⅙個（淨重200g）	低筋麵粉	70g
紅椒	1個（淨重120g）	披薩專用起司	50g
橄欖（黑色・無籽）	15顆	起司粉	3大匙
培根（切片）	6片		

A	全蛋液	2顆的量（100g）
	牛奶	⅓杯
	美乃滋	3大匙
	鹽	⅓小匙
	胡椒	少許

＜作法＞

1. 在圓形模具（可拆式底盤）的內部，預先鋪入烘焙紙。

2. 南瓜去籽、去棉絲後，長度切成3等分、厚度切至2～3mm。紅椒縱切對半，橫向厚度切至3～4mm，培根切成寬1.5cm。

3. 將**A**倒入鋼盆內，用打蛋器攪拌混合，同時撒入低筋麵粉，繼續攪拌至粉末消失為止。烤箱預熱至170℃。

4. 將**3**麵糊的⅓量（80g）及南瓜、橄欖倒入鋼盆內均勻沾附。將南瓜平鋪放入**1**的模具裡，橄欖排列成一個圓。再將剩餘的麵糊倒入鋼盆內（a）。

5. 將**3**麵糊的⅙量（40g）及培根倒入鋼盆內均勻沾附。將培根平鋪放入**4**裡，再將剩餘的麵糊倒入鋼盆內（b）。

6. 將**3**剩餘的麵糊110g及紅椒倒入鋼盆內均勻沾附。將紅椒平鋪放入**5**裡，再將剩餘的麵糊倒入鋼盆內（c）。最後鋪滿披薩用的起司、撒上起司粉，再用手輕輕地調合一下（d）。

7. 將模具送入預熱170℃的烤箱烘烤60分鐘。待放涼後從模具取出成品，切成放射狀的塊狀。

擺盤重點

單一個的盛裝方式，是為了強調戲劇化的剖面模樣，所以盛裝在洋式白色小圓盤（日式餐具的分菜盤尺寸）時，盡量填滿盤面，這樣的表現手法是最合適的。切成**6**等分的放射狀，一塊的份量也不少，如果不想吃太多時，可以選擇切成**8**等分，依自己的喜好決定切塊的大小。

馬鈴薯青花菜隱形蛋糕

馬鈴薯的純白，穿透於各層，青花菜的綠和番茄乾的紅，
則點綴在其中，試著作出大人風的滋味。
以味道來說，番茄乾的酸味會特別跳脫出來，
剛好可以搭配白酒一起享用，更加美味。

a

b

c

d

e

難易度

★★

＜材料＞1個直徑15cm圓形模具的量

	馬鈴薯	3顆（400g）	低筋麵粉	70g
	青花菜	½個（120g）	披薩專用起司	50g
	番茄乾	30g	起司粉	3大匙
A	全蛋液	2顆的量（100g）		
	牛奶	⅓杯		
	美乃滋	3大匙		
	鹽	⅓小匙		
	胡椒	少許		

＜作法＞

1. 在圓形模具（可拆式底盤）的內部，預先鋪入烘焙紙。

2. 剝皮後的馬鈴薯，縱切對半，切成厚2mm。青花菜分成小株，用滾水燙約1分30秒後，撈起放在濾網上待冷卻，並用廚房紙巾擦乾水分。番茄乾切成長2cm。

3. 將**A**倒入鋼盆內，用打蛋器攪拌混合，同時撒入低筋麵粉，繼續攪拌至粉末消失為止。烤箱預熱至170℃。

4. 將**3**麵糊的⅓量（80g）、一半的馬鈴薯及番茄乾倒入鋼盆內均勻沾附。將馬鈴薯及番茄乾平鋪放入**1**的模具裡，再將剩餘的麵糊倒入鋼盆內（a）。

5. 將**3**麵糊的⅓量（80g）及青花菜倒入鋼盆內均勻沾附。將青花菜平鋪放入**4**裡，再將剩餘的麵糊倒入鋼盆內（b）。

6. 將**3**麵糊的⅓量（80）g、剩餘的馬鈴薯及番茄乾倒入鋼盆內均勻沾附。將馬鈴薯及番茄乾平鋪放入**5**裡，再將鋼盆內剩餘的麵糊倒入（c）。最後鋪滿披薩用的起司、撒上起司粉，再用手輕輕地調合一下（d）。

7. 將模具送入預熱170℃的烤箱烘烤60分鐘。待放涼後從模具取出成品，切成放射狀的塊狀。

擺盤重點

此篇是以塊與塊之間留點空隙的排列方式，全部盛裝在四角形的大餐盤裡。因為加入大量的馬鈴薯，吃了相當有飽足感，建議可以切成較小塊的12等分，也可以單一塊傾倒盛裝在小菜碟裡，展現出剖面的模樣。

炸千層豆腐培根排

充分脫水後的豆腐，夾著培根，以健康為取向的炸物。
口味清爽，但同時也吃得到培根的鹹香味。
頗具份量，所以不僅外觀吸睛，吃起來也很有滿足感。

a

b

c

d

難易度

★

＜材料＞4塊的量

豆腐	1塊（300g）
培根（切片）	4片
鹽	¼小匙
胡椒	少許
低筋麵粉	適量
A 低筋麵粉	3大匙
A 水	2又½大匙
麵包粉	適量
炸油	適量

＜作法＞

1. 用廚房紙巾將豆腐包覆，並用重石壓在上面，靜置約15分鐘待水分脫去。切成厚7～8mm的片狀16片，撒入鹽、胡椒。培根長度切成3等分。

2. 豆腐4片、培根3片配成1組（a），依豆腐、培根（b）、豆腐的順序堆疊（c）。其它3組也是同樣作法。

3. 裹上低筋麵粉，沾附混合後的**A**，再裹上麵包粉（d）。

4. 平底鍋倒入約2cm深的炸油，加熱至180℃，將**3**下鍋油炸，邊炸邊適時翻面，約炸4分鐘後起鍋、瀝乾油分。

5. 1塊切對半（e）。

e

擺盤重點

清爽的油炸物，可以挑戰選用玻璃製的餐盤，切對半後，將可以凸顯份量的剖面朝上擺放。剖面呈現四角形，所以選用長方形的餐盤，剛好可以排成2列，視覺上看起來很舒服。配色方面，以深綠色的西洋菜點綴裝飾，在餐盤的一角擠上芥末醬，沾著一起享用。

炸千層菠菜起司排

切開時，濃稠的起司緩緩流出，魅力無法擋，
男女老少都無法抗拒的一道組合料理。
滿滿的三層菠菜，被融化的起司包覆著，所以咬起來鮮嫩多汁，
雖是食材平凡的料理，所到之處都大受歡迎。

a

b

c

d

e

難易度

★★

＜**材料**＞**2塊的量**

豬里肌肉片	8片（160g）
菠菜	1把（200g）
起司片	3片
鹽、胡椒	各少許
低筋麵粉、全蛋液、麵包粉	各適量
炸油	適量

＜**作法**＞

1. 將菠菜放入滾水中，加入少許鹽（份量外）一起燙煮，菠菜燙熟撈起放入冷水冷卻。菠菜擰乾水分、長度切對半，再一次將水分充分擰乾。起司片切對半。豬肉撒上鹽、胡椒。

2. 豬肉4片、菠菜的⅙量×3、起司3片配成1組（a），依豬肉、起司片、菠菜（b）、豬肉的順序堆疊，用手調節壓覆以擠掉空氣（c）。其它1組也是同樣作法。

3. 將**2**依序裹上低筋麵粉、全蛋液、麵包粉的外衣，緊壓麵包粉外衣（d）以擠掉空氣（注意勿使堆疊的食材倒蹋，要維持住高度）。

4. 鍋內炸油加熱至160℃，將**3**下鍋油炸，待麵包粉外衣固定成型，再翻面1～2次，約炸7分鐘後起鍋、瀝乾油分。

5. 1塊切成4等分（a）。

擺盤重點

說是招待用的料理，其實只是一道家常菜，所以選擇簡單的擺盤。切成**4**等分，每**1**人份盛裝在一個白色平面餐盤裡。附上大量的高麗菜絲，沾著中濃醬汁一起享用。起司受熱融化會緩緩流出，所以剖面處不要朝上擺放，側向站立盛裝比較好。

炸千層鮭魚馬鈴薯排

只要把馬鈴薯和鮭魚切薄片堆疊，
這是本書介紹的千層炸排料理中，
作法最簡單的一道，成品小巧可愛，就像是小點心，
可以想到就拿起來吃，當作下酒菜也很適合。

難易度

★

a

b

c

d

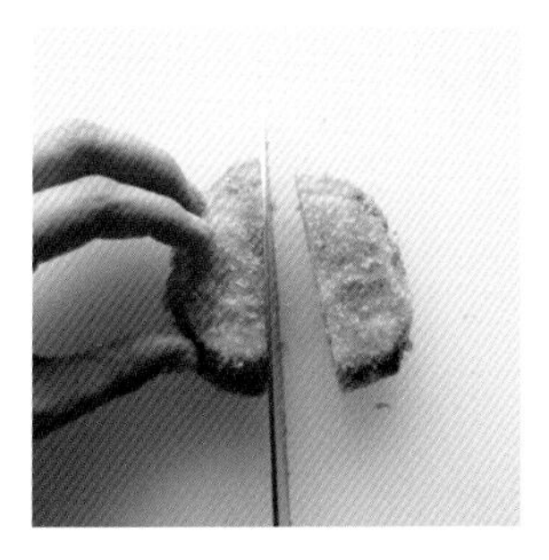

e

<材料>5塊的量

馬鈴薯	2顆（250g）
煙燻鮭魚	10片（100g）
鹽、胡椒	各少許
低筋麵粉	適量
A 低筋麵粉	3大匙
A 水	2又½大匙
麵包粉	適量
炸油	適量

<作法>

1. 剝掉馬鈴薯的外皮，有的話可使用切片器，馬鈴薯橫向切成厚3mm的片狀（不須泡水）。將煙燻鮭魚的長度切對半。

2. 馬鈴薯5片、煙燻鮭魚4片配成1組（a），依馬鈴薯、煙燻鮭魚、菠菜（b）、馬鈴薯的順序堆疊（c），其它4組也是同樣作法。

3. 撒上鹽、胡椒，裹上低筋麵粉，沾附混合後的**A**（d），再裹上麵包粉。

4. 平底鍋倒入約2cm深的炸油，加熱至180℃，將**3**下鍋油炸，邊炸邊適時翻面，約炸4分鐘後起鍋、瀝乾油分。

5. 1塊切對半（e）。

擺盤重點

切對半小巧更好入口，用小盤子盛裝1人份的量，附上切成瓣形的檸檬和顆粒黃芥末醬，擠點檸檬汁淋在上面，就可以開動囉。長條的鮭魚夾在橫邊裡，所以在切對半時，注意要以橫向切開，要能看見夾在裡頭的鮭魚的切邊。

炸千層蓮藕紫蘇梅排

蓮藕每片切得薄薄的，好幾片重疊在一塊，除了外觀令人驚豔，還能品嚐到喀嚓喀嚓的清脆口感。雖然看起來份量不小，但材料蓮藕佔了大多數，所以不會太多負擔，是一道隨時皆可品嚐的好佳餚。

a

b

c

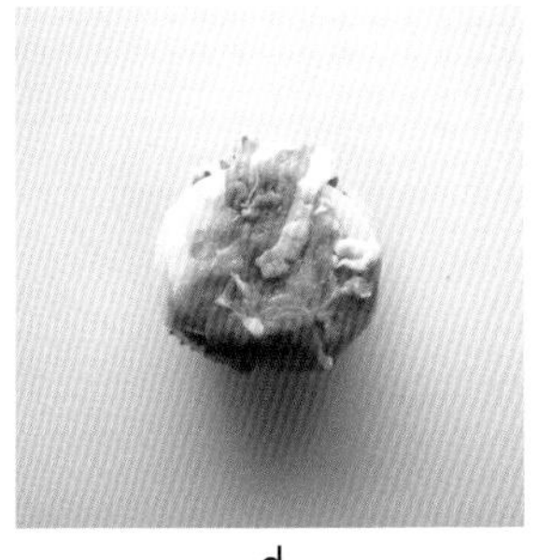

d

e

難易度

★★★

<材料>4塊的量

蓮藕（直徑約6cm）	1節（250g）
豬里肌肉（火鍋肉品專用）	16片（200g）
青紫蘇	8片
無籽梅肉（去籽壓扁）	20g（尖尖1大匙）
鹽	¼小匙
胡椒	少許
低筋麵粉、全蛋液、麵包粉	各適量
炸油	適量

<材料>

1. 蓮藕，有的話用刨削器，削切成厚2mm的圓片並過一下水，將水分擦乾。豬肉撒上鹽、胡椒。

2. 豬肉4片、蓮藕的⅛量×2、青紫蘇2片、梅肉的⅛量×2配成1組。將1片豬肉縱向攤開，其它豬肉摺成3摺，放在攤開的豬肉上面（a），再以青紫蘇、梅肉（b）、蓮藕（c）、3摺豬肉⋯⋯的方式繼續堆疊，最後將鋪在最底下的豬肉向上包覆住材料（d）。其它3組也是同樣作法。

3. 依序裹上低筋麵粉、全蛋液、麵包粉的外衣，由上輕壓擠掉空氣使材料更緊密疊合在一起。

4. 平底鍋倒入約2cm深的炸油，加熱至160℃，將**3**下鍋油炸，邊炸邊適時翻面，約炸6分鐘後再以大火炸1分鐘後起鍋、瀝乾油分。

5. 1塊切對半（e）。

擺盤重點

梅子和青紫蘇層層相疊的日式炸排，再搭配上日本的蔬菜、水菜的一道佳餚。全部對切成半，盛裝在四方形的平面餐盤裡，再淋上中濃醬汁一起享用。盛裝時，可以隨性地排列擺放，可看到好吃的油炸面，又能看到剖面的角度。

酪梨雞肉玻璃杯沙拉

只要將材料切一切，裝入玻璃杯中，
看起來就有層層堆疊的效果，
日常普通的沙拉，也變得煥然一新。
用湯匙從底下舀起，邊攪拌邊享用。
微苦的酪梨碰上清爽的橘子，
配色及味道都是最大焦點。

→作法詳見p.64

鹿尾菜豆腐玻璃杯和風沙拉

集結大量的葉菜類、豆腐、毛豆、藻類等、
採用對美容和健康上有幫助的食材，
所製成的健康沙拉。很清爽的一道沙拉，
既使每天吃也吃不膩的美味。
綠、白、黑的三色組合，鮮明純淨。

→作法詳見p.65

酪梨雞肉玻璃杯沙拉

難易度

★

＜材料＞2個口徑9cm×高12cm玻璃杯的量

麥片		4大匙
雞肉沙拉（市售）		1片（100g）
小黃瓜		1條
紫萵苣		2小片（60g）
橘子		1顆（淨重100g）
酪梨		1小顆
杏仁		6粒
A	橄欖油	2大匙
	檸檬汁	1小匙
	芥末	1小匙
	鹽	¼小匙
	胡椒	少許

＜作法＞

1. 麥片快速沖洗一下，依外袋指示加熱後放置冷卻。雞肉沙拉、小黃瓜、酪梨切成1.5～2cm的小方塊。剝去橘子每一瓣的薄膜、並去籽，切成2～3等分。杏仁切對半。

2. 依序將麥片、紫萵苣（a）、橘子、小黃瓜（b）、雞肉、酪梨（c）、杏仁各一半的量，分別放入2個玻璃瓶內。

a

b

c

鹿尾菜豆腐玻璃杯和風沙拉

難易度

★

＜材料＞2個口徑9cm×高12cm玻璃杯的量

鹿尾菜	2大匙
木棉豆腐	½塊（150g）
毛豆（汆燙去殼）	淨重（80g）
水菜	¼把（50g）
豆苗	¼把
芽菜（紫高麗菜苗）	½袋
A 芝麻油	1大匙
A 醬油	1大匙
A 醋	2小匙
A 胡椒	少許

＜作法＞

1. 鹿尾菜浸泡在水中約15分鐘還原，滾水汆燙一下。撈起放在濾網，邊濾乾水分邊待冷卻。

2. 豆腐切成1.5～2cm的小方塊，用廚房紙巾包覆吸去水分。水菜切成寬1cm。切去豆苗、芽菜的根部，豆苗切成寬1cm並和芽菜混合一起。

3. 依序將水菜、鹿尾菜（a）、豆腐（b）、毛豆（c）、豆苗&芽菜各一半的量，分別放入2個玻璃瓶內，再倒入**A**混合拌勻。

a

b

c

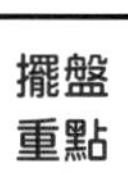
擺盤重點

因為是用大湯匙從玻璃杯底部向上舀起、混合材料送入口中的食用方式，所以選擇廣口、底部不狹窄的直筒玻璃杯是最適合的。盛裝祕訣為距離杯口要留點空間，不要裝太滿，以便湯匙方便舀出食用。從外側看進來，下意識投入一些美麗元素，整體的美感就會顯現出來。

法國尼斯風玻璃杯沙拉

放入馬鈴薯、水煮蛋、四季豆、橄欖等五顏六色的食材，
在法國尼斯當地都吃得到的沙拉。
裝填到玻璃杯裡，淋上沙拉醬一起享用，
可以帶出鳳尾魚的醇濃鹹味。

難易度

<材料> 2個口徑9cm×高12cm玻璃杯的量

馬鈴薯		2顆(250g)
四季豆		6根
小番茄		6顆
水煮蛋		2顆
金槍魚罐頭		1小罐(70g)
橄欖(黑色·無籽)		6顆
A	鳳尾魚(壓碎)	1小片量
	橄欖油	2大匙
	白酒醋	1小匙
	鹽、胡椒	各少許
生菜		適量

<作法>

1. 每顆馬鈴薯分別用保鮮膜包覆後，送入微波爐加熱3分鐘，上下翻面後再約加熱2分鐘。剝掉馬鈴薯外皮並切成1.5～2cm的角塊。

2. 四季豆放入滾水裡，加入少許鹽(份量外)約燙煮2分鐘，撈起放入濾網待冷卻後，切成寬1cm。小番茄縱向切成4等分，水煮蛋切成1.5～2cm的塊狀。金槍魚罐頭濾掉罐汁。

3. 依序將馬鈴薯、四季豆(a)、金槍魚、小番茄(b)、水煮蛋(c)、橄欖各一半的量，分別層層疊放至2個玻璃瓶內，再倒入**A**混合拌勻。

a

b

c

擺盤重點

p.62～63、66裡所使用的是西班牙傳統的Bodega Glass。杯身厚實，手握實感強烈，耐熱性佳，卻只有平民價格，所以是相當受歡迎的單品之一。杯身有12cm高，可以裝不少的份量，因此很適合用來盛裝沙拉類的食材。食用時最好是選擇長柄的湯匙。

高麗菜千層派

一般的高麗菜捲，不僅要經過包捲這道程序，
也必須先將高麗菜煮軟，但是這一道高麗菜千層派，
不需要包捲也不需要燙煮，只需要將材料疊放在一起。
雖然作法如此簡單，製作後的成品外觀，還是超乎眾人想像！

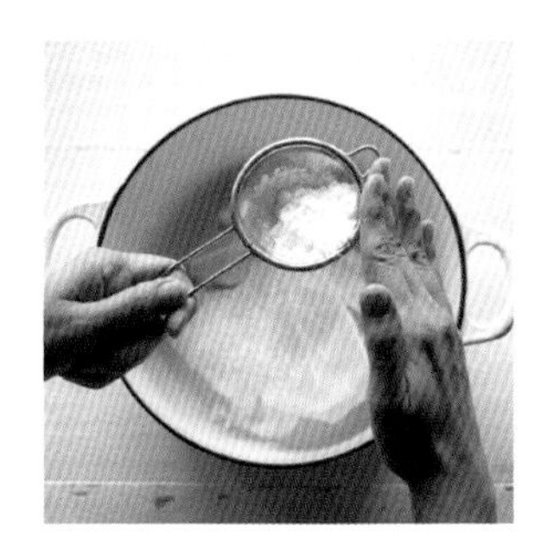

a

b

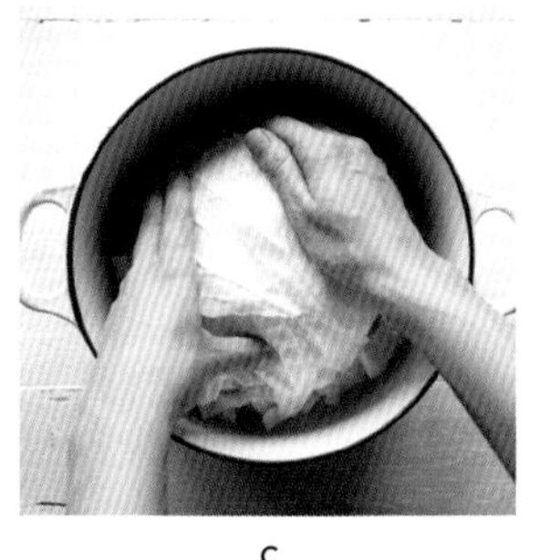

c

d

e

難易度

★

＜材料＞方便料理的量

	高麗菜	大½顆（600g）
	番茄	1顆（150g）
A	洋蔥（切碎末）	½顆的量
	綜合絞肉	300g
	麵包粉	⅓杯
	全蛋液	1顆的量
	牛奶	3大匙
	鹽	½小匙
	胡椒	少許
	太白粉	適量
B	水	2杯
	西式濃湯調味粉	1大匙
	鹽、胡椒	各少許

＜作法＞

1. 剝去高麗菜的菜葉（上下剝選較漂亮的菜葉2～3片作使用，剩餘的可以撕碎），削去粗硬的菜心。番茄切成1cm的角塊。

2. 將**A**倒入鋼盆內，翻攪至出現黏性為止。

3. 準備一個口徑22cm的鍋子，將高麗菜1～2片（⅕量）鋪入鍋內（最底下一層的菜葉摺疊至直徑15cm～16cm）、撒上太白粉（a）、¼量的**2**鋪成直徑13～14cm大的面積（b）。剩餘的高麗菜、**2**也同樣地重複鋪入，最後鋪蓋上高麗菜（上方使用）。每次疊放高麗菜時，用手按壓使密合一起（c），高度調整為8～9cm的圓頂形狀。

4. 將混合後的**B**環繞倒入鍋內，倒入番茄（d），轉大火烹煮。煮滾後蓋上鍋蓋、轉小火約煮30分鐘（e）。

擺盤重點

將成品用鍋鏟盛出置於砧板上，切塊後盛裝在餐盤上。湯汁也相當美味，所以推薦使用帶邊的餐盤。在切塊時，請注意不要讓層狀倒塌。大致切成4等分是最合適的，這樣的大小也是剛好食用的份量。

馬鈴薯千層派

從層層相疊的餅皮當中，
藏有添加滑嫩金槍魚的馬鈴薯沙拉和酪梨，
還能窺見彩椒的蹤跡。小朋友也相當喜歡的一道招牌料理。
切工和疊法，不如想像中的需要任何技巧。

★ ★

＜材料＞方便料理的量

●餅皮

A	全蛋液	1顆的量
	砂糖	1大匙
	鹽	1小撮
低筋麵粉		50g
融化奶油		10g
牛奶		150ml
沙拉油		適量

●馬鈴薯沙拉

馬鈴薯		3顆（400g）
金槍魚罐		1小罐（70g）
B	美乃滋	4大匙
	醋	1大匙
	鹽	1/4小匙
	胡椒	少許
酪梨		1/2顆
黃椒		1/2個

＜作法＞

1. 製作餅皮。將**A**倒入鋼盆內，用打蛋器充分攪拌，再撒入低筋麵粉混合一起。一邊加入融化奶油、牛奶，一邊混合攪拌，放入冰箱冷藏使發酵約30分鐘。

2. 製作馬鈴薯沙拉。每顆馬鈴薯分別用保鮮膜包覆後，送入微波加熱4分鐘，上下翻面後再約加熱3分鐘。剝掉馬鈴薯外皮，將馬鈴薯壓碎直到呈綿密狀態為止，倒入濾去罐汁後的金槍魚、**B**混合拌勻。

3. 將酪梨、黃椒橫向切成厚4～5mm的片狀，黃椒用廚房紙巾吸去水分。

4. 在鍋底直徑約16cm的平底鍋裡，倒入沙拉油，利用廚房紙巾將油抹滿整個鍋面，開中火慢慢加熱。用一塊沾濕的布鋪入平底鍋數秒，使平底鍋的溫度稍微降溫。

5. 將**1**餅皮的1/7量（小湯勺未滿1勺的量）倒入平底鍋，快速地轉動一下平底鍋，使麵糊在鍋面平均散開形成薄薄的餅皮。煎至餅皮邊緣變成茶色後翻面，再煎個數秒後起鍋放涼。第2張以後的餅皮，不需要再用沙拉油，其它6張也是同樣煎法。

6. 攤開1張餅皮，將**2**馬鈴薯沙拉的1/6量鋪放在上，餅皮邊緣留些空間，其餘鋪滿（a）。再鋪上酪梨2～3片、黃椒3～4片（b）。接著在上方繼續重複鋪上餅皮、馬鈴薯、酪梨、黃椒的動作，酪梨、黃椒鋪入時注意上下勿重疊（c），最後覆蓋上餅皮，用保鮮膜包覆後送進冰箱冷藏。

a

b

c

d

擺盤重點

外觀簡直就像是千層蛋糕，所以很適合盛裝在無邊的圓形平面餐盤上，可以直接在平面餐盤上分切成幾塊，再各別盛裝至小餐盤上。整體呈現溫暖色調，所以使用芝麻菜等、深綠色的蔬菜點綴裝飾，更加觸動人心。可以淋上一些橄欖油搭配享用，也很美味。

→作法詳見p.74

鯛魚千層押壽司

伸手可觸的琺瑯容器裡，
盛裝著被昆布包覆的鯛魚和醃漬生薑製成的醋飯，
再疊上一層青紫蘇，緊壓一下，美味立即完成。
以生薑和芝麻為主軸的醋飯，和鯛魚的滑嫩口感非常合拍。

→作法詳見p.76

鰻魚千層押壽司

採用浦燒鰻製成的大份量的押壽司裡，
包夾炒蛋和小黃瓜，形成漂亮的配色。
有加入經熬煮的山椒的醋飯，
更能烘托出浦燒的甜辣滋味。

鯛魚千層押壽司

難易度

★★★

＜材料＞1個17×11×高6cm的琺瑯容器的量

鯛魚（生魚片用的大小）	150g	昆布	2片剪成7×15cm的大小
青紫蘇	12～16片	米酒	適量
溫熱米飯（剛煮好微硬狀態）	400g	鹽	少許
白芝麻	1大匙	A 醋	2大匙
醃漬生薑（切碎）	20g	A 砂糖	1大匙
		A 鹽	½小匙
		檸檬（切成¼薄圓片）	適量

＜作法＞

1. 昆布浸泡米酒後，用廚房紙巾快速擦拭一下，放在保鮮膜上，撒上鹽、鋪上鯛魚，再夾入1片昆布。用保鮮膜完整包覆，預先放入冰箱冷藏3～4小時。

2. 將**A**混合，邊環繞邊倒入溫熱米飯中，以切拌的方式進行混合。待米飯充分吸收水分後，用扇子等將熱氣煽去，再放入白芝麻、醃漬生薑混拌。

3. 將**1**的鯛魚切薄片。在琺瑯容器裡鋪入約二圈大小的保鮮膜。

4. 將鯛魚生魚片整個鋪滿排列到**3**的容器內（鋪放堆疊時，鯛魚的粉色部份請露出在表面），再將6～8片青紫蘇整個鋪滿在上（a）。接著將一半的醋飯盛入整個鋪滿在上（b），用浸濕的玻璃杯底或包上保鮮膜的同尺寸容器等覆蓋在上，緊緊按壓。

5. 同樣的，再鋪入6～8片的青紫蘇，剩餘的醋飯盛入鋪滿（c），同樣的，再緊壓一次（d）。利用鋪在容器內的保鮮膜將整體包覆住，放入冰箱冷藏約15分鐘，使食材緊密融合在一起。

6. 從容器連同保鮮膜倒蓋取出擺放在砧板上，連同保鮮膜將外邊切掉一些（e）。橫向切對半、縱向切成4等分（f），撕去保鮮膜並鋪上檸檬片。

擺盤重點

琺瑯容器製作的話，四個邊角會呈現圓弧形，如果不喜歡的話，可以將四邊作切邊。在此的重點是，每刀要切時，請將刀子沾一下水，這樣才會切得漂亮。因為配色大多是白色，若要用白色餐盤盛裝的話，盤面先鋪上一葉蘭當底，料理的顏色才會跳脫出來，也較有一致性的整齊感。可以依個人喜好沾醬油一起享用。

a

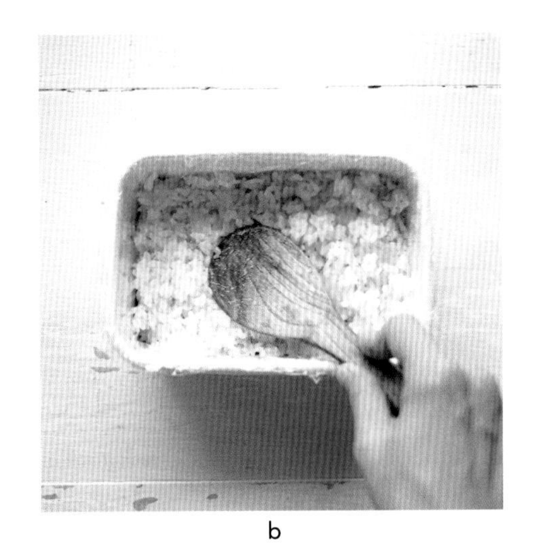
b

c

d

e

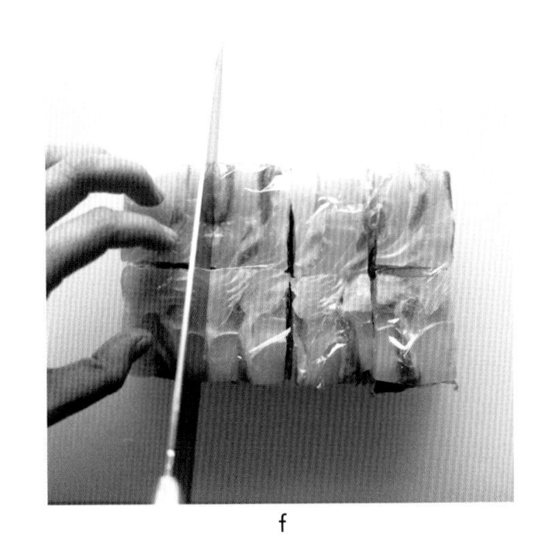
f

鰻魚千層押壽司

難易度

★★★

<材料> 1個17×11×高6cm的琺瑯容器的量

浦燒鰻魚（市售）	半身2片
小黃瓜	1條
溫熱米飯（剛煮好微硬狀態）	400g
熬煮過的山椒	2大匙
A 醋	2大匙
A 砂糖	1大匙
A 鹽	½小匙
酒	1大匙
鹽	少許
B 全蛋液	2顆的量
B 砂糖	1又½大匙
B 鹽	1小撮
花椒芽	適量

<作法>

1. 將**A**混合，邊環繞邊倒入溫熱米飯中，以切拌的方式進行混合。待米飯充分吸收水分後，用扇子等將熱氣煽去，再加入熬煮過的山椒拌混。

2. 將鰻魚的皮面朝下放入平底鍋，淋上米酒。蓋上鍋蓋，開中火蒸煮約3分鐘，取出放涼。

3. 小黃瓜切成薄薄的小圓片，撒上鹽稍微混合一下，放置約5分鐘，擠乾水分。

4. 將**B**混合，放入平底鍋開中火。用一雙長筷一邊攪拌一邊煎出炒蛋，將炒蛋起鍋放涼。

5. 在琺瑯容器裡鋪入約二圈大小的保鮮膜，將鰻魚整個鋪滿排列到容器內（a）。接著將一半的醋飯盛入整個鋪滿在上（b），用浸濕的玻璃杯底或包上保鮮膜的同尺寸容器等覆蓋在上，緊緊按壓。

6. 將**4**整個鋪滿排放在內（c），接著將**3**也整個鋪滿在內（d）。將剩餘的醋飯盛入鋪滿，同樣地再緊壓一次（e）。利用鋪在容器內的保鮮膜將整體包覆住，放入冰箱冷藏約15分鐘，使食材緊密融合在一起。

7. 從容器連同保鮮膜倒蓋取出擺放在砧板上，連同保鮮膜切掉一些外邊（e）。橫向切對半、縱向切成4等分（f），撕去保鮮膜並鋪上花椒芽。

擺盤重點

此篇和p.74一樣，依個人喜好可以將四邊切邊後再擺盤。因為想呈現出押壽司的一致整齊感，在此選擇使用長方形的西式餐盤，以緊靠的方式排列，但又要留點適當的空間，剛好可以看到炒蛋及小黃瓜剖面的角度。

a

b

c

d

e

f

Part 3

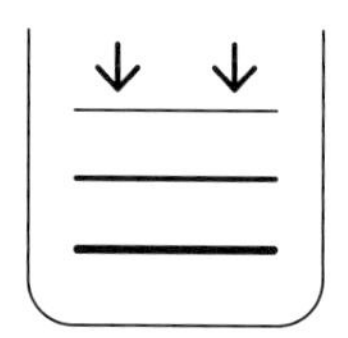

凍派料理篇

填塞壓模後再切開

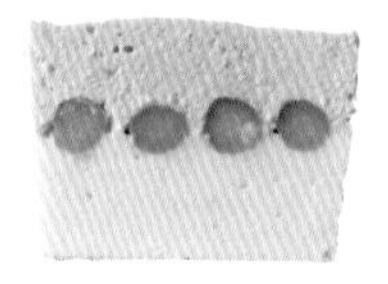

法式凍派或是美式烘肉餅等，大多都是利用磅蛋糕模具壓製而成的料理。
有的是要邊思考順序邊排列、有的是全部混合在一起再直接填塞。
另外，從不同的地方切開，剖面展現出的模樣也會跟著變化，
這也是製作凍派料理的一種樂趣。
製作重點在於，盡可能注意不要留有空隙、紮實地填塞裝入，
最後，用一把鋒利的刀子，小心慢慢地切開即完成。

青花菜橄欖烘肉餅

將青花菜和橄欖、以及混合後的肉餡，
填入磅蛋糕模具烘烤，雖說作法簡單，
但每切一塊，每塊的剖面，呈現出來的模樣都不一樣，
令人驚奇連連的一道料理。製作重點在填塞材料時，
注意要讓材料不靠近邊緣處，要以肉餡包覆在中，
如此一來，切開時的剖面才會漂亮。

難易度

★

＜材料＞1個8×18×高6cm的磅蛋糕模具的量

材料	份量
綜合絞肉	400g
洋蔥（切碎）	½顆的量
大蒜（切碎）	1瓣的量
花椰菜	80g
紅蘿蔔	⅓根（50g）
醃漬橄欖（綠橄欖）	12顆
核桃	40g
麵包粉	1杯
牛奶	¼杯

	材料	份量
A	全蛋液	1顆的量
A	番茄醬	1大匙
A	鹽	½小匙
A	胡椒、肉荳蔻（有的話）	各少許
	沙拉油	½大匙
B	番茄醬	2大匙
B	伍斯特醬	1大匙
B	水	1大匙
B	奶油	5g

＜作法＞

1. 平底鍋裡倒入沙拉油、大蒜，開中火加熱，待香氣出來開始炒洋蔥，洋蔥軟化後加入¼量的綜合絞肉，一邊炒一邊將絞肉鬆開。絞肉炒至變色後盛起放入盤中放涼。

2. 花椰菜分成小瓣，大蒜切成1cm的小塊狀。滾水加入少許鹽，約燙煮3分鐘，用濾網撈起放涼。

a

3. 鋼盆裡倒入麵包粉、牛奶泡漲。加入絞肉、**A**、**1**，慢慢翻攪至呈黏稠狀為止（a）。將**2**、橄欖、核桃加入混合。

b

4. 烤箱預熱至200℃。磅蛋糕模具裡鋪入烘焙紙，將**3**整個鋪滿在模具內（c）。這時，調整材料不要跑到模具邊緣處（模具相接部分）。放至烤盤，送入200℃的烤箱烘烤40分鐘左右。靜置約30分鐘放涼。

5. 製作醬汁。將**B**放入耐熱容器內，用保鮮膜包覆，送入微波加熱30秒左右使軟化後攪拌混合。**4**將4連同烘焙紙從模具脫模取出，分切成厚2cm的片狀，附上各一碟醬汁和顆粒芥末醬（材料外）。

c

d

擺盤重點

塞入滿滿肉類的美式烘肉餅，再搭配大量蔬菜的拼盤一起享用。混合了紫萵苣等紫色蔬菜的綜合生菜葉，提昇了料理整體的時尚感。給人規規矩矩印象的長方形餐盤內，以底部鋪上生菜、肉餅包覆在上的方式盛裝。

→作法詳見p.84

鹿尾菜毛豆烘肉餅

用雞絞肉及鹿尾菜、毛豆製作而成的和風烘肉餅，
就如同是日本松風燒作法的口感，
不論是作為便當菜、或是年節料理都非常適合。
薄蛋捲的漩渦模樣是魅力所在，
所以盡可能設法填塞出一個漂亮的圓。

→作法詳見p.86

蔬菜蝦肉凍派

剖面可看到漂亮的蔬菜們，按順序整齊排列，
利用膠質凝固而成的法式凍派料理，簡直美得像是一件藝術品。
在填塞和切開材料的步驟裡，手法若能更加細膩的話，
成品會看起來如同是餐廳作出來的料理。

鹿尾菜毛豆烘肉餅

難易度

★★★

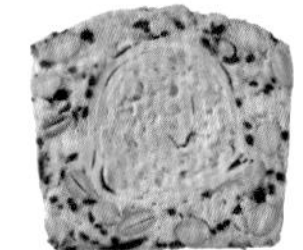

＜材料＞1個8×18×高6cm的磅蛋糕模具的量

	材料	份量
	雞腿的絞肉	400g
	白蔥（切末）	1支的量（100g）
	生薑（切末）	1片的量
	鹿尾草	1大匙（5g）
	毛豆（汆燙去殼）	100g
	麵包粉	1杯
	牛奶	¼杯
A	全蛋液	1顆的量
A	味噌	1大匙
A	鹽	⅓小匙
A	醬油	少許
B	全蛋液	2顆的量
B	鹽	1小撮
	沙拉油	½大匙
C	美乃滋	2大匙
C	芥末醬	¼小匙
C	醬油	1小匙

＜作法＞

1. 平底鍋裡倒入沙拉油、大蒜開中火加熱，待香氣出來開始炒白蔥。白蔥軟化後加入¼量的雞絞肉，一邊炒一邊將絞肉鬆開。絞肉炒至變色後盛起放入盤中放涼。將鹿尾草泡水約15分鐘還原，滾水汆燙一下後用濾網撈起放涼。

2. 鋼盆裡倒入麵包粉、牛奶泡漲。加入雞絞肉、**A**、**1**炒過的絞肉，慢慢翻攪至呈黏稠狀為止。在⅔量的麵糊裡加入鹿尾草、毛豆混合。

3. 玉子燒專用的平底鍋裡，倒入沙拉油（份量外），薄薄一層抹滿鍋面，開中火加熱，將混合後的**B**的一半倒入鍋內。轉小火熱煎，翻面再煎一下。同樣的作法再煎1片。

4. 微波爐預熱至200℃。將**3**的2片薄蛋皮橫向鋪放，重疊成約2cm厚的蛋皮1大片。將**2**的未混入材料的麵糊，從蛋皮最遠端約7cm處，開始鋪滿在蛋皮上（a），從最靠近手邊處開始包捲。

5. 磅蛋糕模具內鋪入烘焙紙，將**2**混入鹿尾草和毛豆的麵糊的⅓量，填入模具中（c）。將**4**的蛋捲置於模具內的中央（d），將混入鹿尾草和毛豆的麵糊的⅓量，填塞至蛋捲的兩端（e）。在填塞時注意不要破壞到蛋捲的形狀，可以扶住左右進行。接著將剩餘的混入鹿尾草和毛豆的麵糊，覆蓋鋪滿在上並整平表面（f）。送入200℃的烤箱烘烤40分鐘左右。靜置約30分鐘放涼。

6. 連同烘焙紙從模具脫模取出，分切成厚2cm的片狀，附上一碟混合後的C醬料。

擺盤重點

吃多少切多少，盛裝在簡約的圓形平面餐盤裡，每片間隔距離取大一些地重疊排列。因為是日式和風口味，所以多添加紫蘇一味，並搭配黃芥末風味的醬油美奶滋一起享用吧。這一道是屬於偏向清爽的輕食料理。

a

b

c

d

e

f

蔬菜蝦肉凍派

難易度

★★★

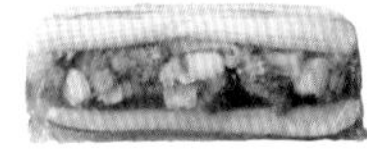

＜材料＞1個8×18×高6cm的磅蛋糕模具的量

熟蝦		6尾（淨重約60g）
秋葵		4條
玉米筍（水煮）		4根
青花菜		120g
西葫蘆		1條
A	水	350ml
	西式濃湯調味粉	2小匙
	鹽	½小匙
	吉利丁粉	15g（5小匙）

＜作法＞

1. 剝去熟蝦的殼，切成長1.5cm。剝掉秋葵的花萼，撒上少許鹽（份量外），放在砧板上搓滾後，用水沖洗一下。青花菜切去梗部、切分成小朵，西葫蘆配合要放入模具的大小，横切成長（17cm）、縱切成6條。

2. 滾水裡加入約1%的粗鹽（1公升的水：2小匙鹽），秋葵約汆燙1分30分、青花菜約汆燙2分鐘、西葫蘆約汆燙1分，汆燙後泡入冰水冷卻，用廚房紙巾將水分充分擦乾。

3. 將除了吉利丁粉以外的**A**倒入小鍋子裡混合，並開大火。煮至快要沸騰前關火，倒入吉利丁粉慢慢攪拌、使均勻溶解。將小鍋子泡入冰水中降溫，一邊攪拌的同時，待冷卻慢慢結成微稠狀。。

4. 在磅蛋糕模具裡鋪入約二圈大小的保鮮膜。加入**3**大匙的3（a），將秋葵和玉米筍交互鋪入模具內（b）。加入6大匙的**3**（a），青花菜和熟蝦肉隨意鋪滿至模具內（c）。加入6大匙的**3**，將西葫蘆正反兩面，以上下交互的方式鋪入模具內（d）。將剩餘的吉利丁稠液全部倒入模具內（e）。利用鋪入在模具內保鮮膜，由四邊摺入包覆於模具上方，送入冰箱冷藏4小時以上至凝固。

5. 成品連同保鮮膜從模具取出、並倒蓋擺放至砧板上。輕輕將保鮮膜撕下，切成厚2cm的片狀（f）。

擺盤重點

作為如同法式餐廳裡所提供的前菜，最適合盛裝在帶邊的平面大餐盤裡，活用留白的空間，讓料理看起來更加精緻美味。享用時，法式西餐的刀叉為最佳餐具。法式凍派自成一幅美麗的畫，所以不需多餘的點綴裝飾。擺盤所呈現的模樣，就像是鑲在全白畫框裡的圖畫。

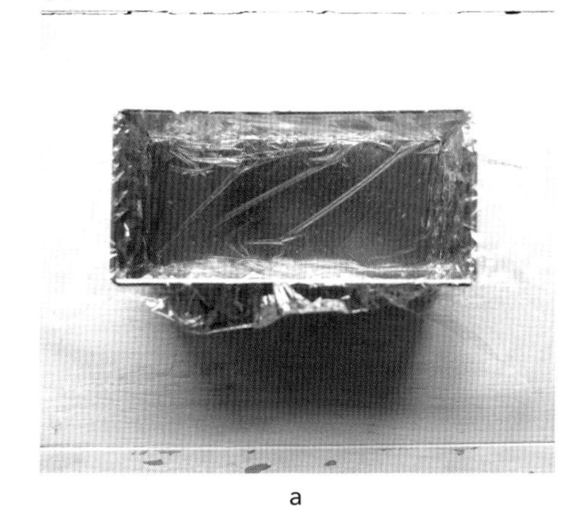

a

b

c

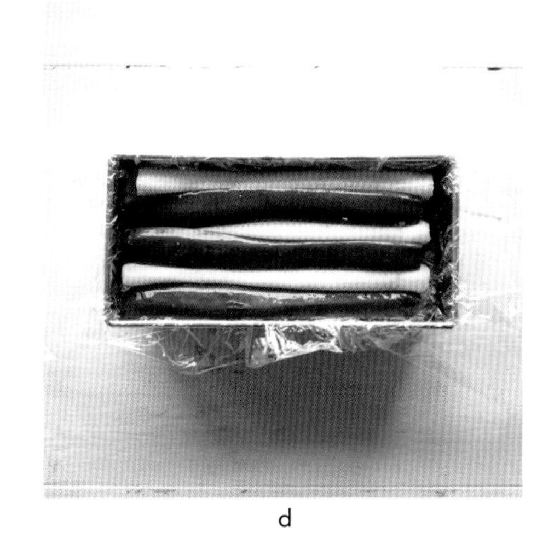

d

e

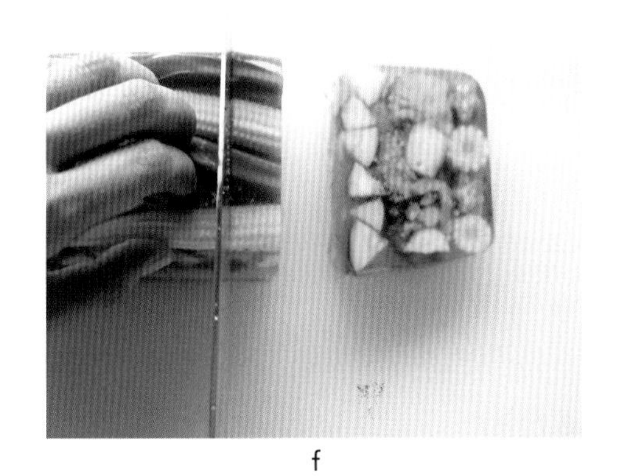

f

鮭魚扇貝凍派

製作出鮭魚漿和扇貝漿，
再利用填塞在內的蘆筍作為分界線，
分成上下兩邊，簡直就像是高級餐廳裡頭的一道精緻料理。
製作重點在於蘆筍分界線要排列得漂亮，盡量整齊劃一。

難易度

＜材料＞1個8×18×高6cm的磅蛋糕模具的量

●鮭魚漿

A	鮭魚切片	3片（淨重200g）
	洋蔥（磨成泥）	1大匙
	蛋白	1顆的量（30g）
	檸檬汁	1小匙
	鹽	¼小匙
	胡椒	少許
鮮奶油		40ml

●扇貝漿

B	日本干貝（生魚片用）	200g
	蛋白	1顆的量（30g）
	白酒	1小匙
	鹽	⅓小匙
	胡椒	少許
鮮奶油		100ml
蘆筍		4根

＜作法＞

1. 蘆筍配合要放入模具的大小，橫切成長（17cm）。滾水加入少許鹽，約燙煮1分30秒。撈起泡入冷水，將水分擦乾。

2. 製作鮭魚漿。將鮭魚去皮、去骨後，切成一口大小的塊狀。撒上少許鹽（份量外），約放置10鐘後，用廚房紙巾將水分擦乾。將**A**倒入食物調理機內，充分攪拌至光滑細緻狀為止。從調理機取出放入鋼盆內，鮮奶油分數次倒入，用矽膠刮刀拌攪至完全融合為止。

3. 製作扇貝漿。將**B**倒入食物調理機內，充分攪拌至光滑細緻狀為止。從調理機取出放入鋼盆內，鮮奶油分數次倒入，用矽膠刮刀拌攪至完全融合為止。

4. 烤箱預熱至160℃。磅蛋糕模具裡鋪入烘焙紙，加入適量奶油（材料外）幫助固定黏合。將**3**填塞入模具內，注意不要讓空氣進入，並整平表面（a）。將蘆筍放入模具內，注意每根蘆筍之間與模具的側邊勿緊貼，須有些微間隔（b）。將**2**填塞入模具內，注意不要讓空氣進入，並整平表面（c）。

5. 利用鋪在模具內的烘焙紙將模具覆蓋住，接著在上方再蓋上錫箔紙。放在烤盤上，將熱開水倒入磅蛋糕模具內約1.5cm高的地方，送入預熱至160℃的烤箱內烘烤約40分，使食材在模具內烹熟。

6. 從烤盤取出模具，將模具放至盛入冰水的托盤。待冷卻後，拆下錫箔紙鋪上保鮮膜，送入冰箱冷藏至完全冷卻。連同烘焙紙從模具脫模取出，分切成厚2cm的片狀（d）。

a

b

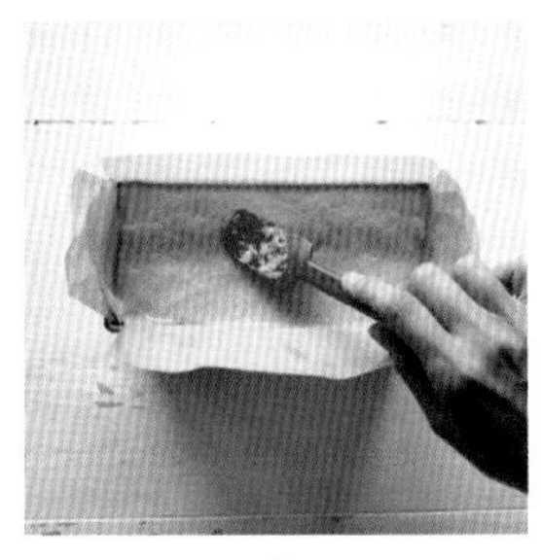

c

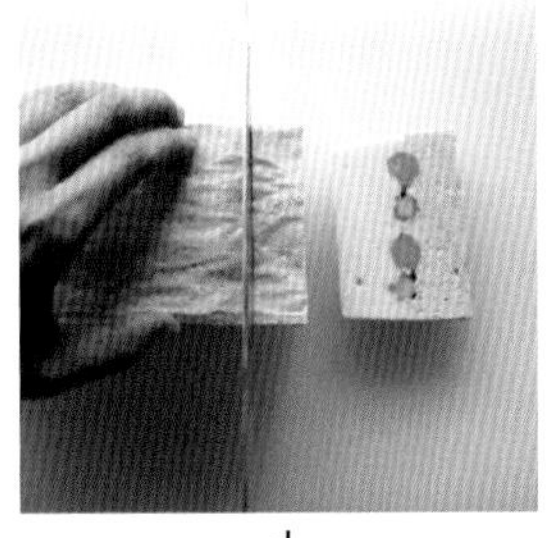

d

擺盤重點

雙色搭配的乳色系色調、給人溫柔印象的料理，很適合盛裝在具清涼感的玻璃餐盤裡。特意選擇大號的餐盤，除了可提升料理整體的時尚感，也會令人覺得是大人物才會使用的餐具&擺盤的方式，。以蒔蘿及細菜香芹等的香草植物點綴裝飾，並附上一碟芥末醬。

火腿、橘子、莫札瑞拉起司的香草凍派

涼爽的橘子和番茄食材，搭配上火腿和莫札瑞拉起司，成為絕妙的美味組合。被包覆在添有芫荽的膠質中，大人風味的凍派美味上桌。在將各食材鋪入模具內時，注意相同的材料不要重疊一在塊。

★ ★

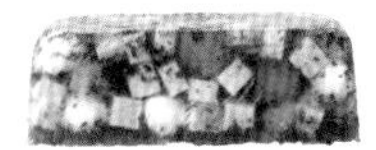

＜**材料**＞**1個8×18×高6cm的磅蛋糕模具的量**

	厚切火腿	150g
	橘子	1顆（淨重100g）
	莫札瑞拉起司（小球裝）	1袋（100g）
	小番茄（黃）	10顆
	芫荽（切碎末）	3大匙
A	水	350ml
	西式濃湯調味粉	2小匙
	鹽	½小匙
	吉利丁粉	18g（6小匙）

＜**作法**＞

1. 將厚切火腿切成1.5cm的角塊。橘子連同薄膜將皮剝去、去籽，然後切成對半。莫札瑞拉起司用廚房紙巾將水分擦乾。

2. 將除了吉利丁粉以外的**A**倒入小鍋子裡混合，並開大火。煮至快要沸騰前關火，倒入吉利丁粉慢慢攪拌、使均勻溶解。將小鍋子泡入冰水中降溫，一邊攪拌的同時，待冷卻慢慢結成微稠狀。

3. 在磅蛋糕模具裡鋪入約二圈大小的保鮮膜。加入4大匙的**2**（a），隨意加入1又⅓量的**1**（b）。同樣的作法操作2次。將剩餘的吉利丁稠液全部倒入模具內（c）。利用鋪入在模具內保鮮膜，由四邊摺入包覆於模具上方，送入冰箱冷藏4小時以上至凝固。

4. 成品連同保鮮膜從模具取出、並倒蓋擺放至砧板上。輕輕將保鮮膜撕下，切成厚2cm的片狀（d）。

a

b

c

d

擺盤重點

同p.83的法式凍派，盛裝在白色帶邊的西式餐盤裡。因為擁有橘、粉、白、綠的豐富色彩，可以凸顯料理的白色餐盤，是最佳選擇。如果選擇盛裝在小餐盤裡，則會是比較輕鬆愜意的感覺。餐具選用叉子挖切入口。

磅蛋糕模具彩色壽司

混合了四種食材的米飯，搓成大大小小的球狀，
再填塞入磅蛋糕模具內，即完成彩色壽司的製作。
吃到不同顏色之處，就有不同的口感，令人驚喜連連，
非常適合郊遊帶便當或舉行派對時端出的一道料理。
深受大人及小孩的喜愛。

a

難易度

<材料>1個8×18×高6cm的磅蛋糕模具的量

溫熱米飯　2杯米的量（約650g）

A
- 全蛋液　1顆的量
- 砂糖　1小匙
- 鹽　1小撮

B
- 鮭魚鬆　2大匙
- 白芝麻　½大匙

C
- 青海苔　2小匙
- 鹽　少許

D
- 紫蘇茄子醃漬物（切末）　1又½大匙（20g）
- 紅紫蘇粉（紫蘇拌飯料）　½小匙

鹽　少許

燒海苔（整張）　1又⅓張

b

<作法>

1. 將**A**混合，倒入平底鍋開中火。用一雙長筷一邊攪拌一邊作出炒蛋。

2. 將米飯分成4等分，分別放入不同的鋼盆內，各加入**1**、**B**、**C**、**D**的材料混合。每種混入材料的米飯，各分成4～5顆大小不一的份量，放在保鮮膜上，輕輕搓成圓球狀（a）。

c

3. 將保鮮膜切成約30×50cm，鋪入磅蛋糕模具內，燒海苔的兩端稍微剪掉一些，鋪入模具內。

4. 將**2**的保鮮膜撕下，整體撒上鹽，將飯球填塞入模具內，飯球種類不要重複，每填滿1層，就用湯匙的背部輕壓飯球（b）。全部填塞完畢的話（c），從上方緊壓整平表面（d），將⅓片的燒海苔鋪在上面，將超出模具四邊的海苔向內摺入，沾點水黏合固定。利用鋪入模具內的保鮮膜包覆，靜置約5分鐘使材料融合一起。

d

5. 連同保鮮膜倒蓋取出擺放在砧板上。撕下保鮮膜切成易入口的大小（e）。

e

擺盤重點

放入便當盒時，看是要縱向、或是斜向排放都可以，不過若是要盛裝在餐盤裡，就勇敢地將剖面整個露出朝上排列吧。正方形的壽司搭配正方形的平面餐盤很適合。每個剖面的花樣都不盡相同，相當令人期待。

生火腿南瓜餡長棍麵包

麵包中心挖空填入材料的法式長棍麵包，
剖面魅力四射的一品。
南瓜的甜味裡，帶點生火腿的鹹味，
再加上堅果的香氣，配合得恰到好處，
可以搭配白酒一起享用，
屬於輕食料理的麵包三明治。

難易度

＜材料＞1條長棍麵包的量

長棍麵包（直徑約7～8cm、長30cm）	1條
南瓜	¼小顆（淨重260g）
生火腿	5片
葡萄乾	2大匙
綜合堅果	40g
A 美乃滋	1又½大匙
A 蜂蜜	1大匙
A 鹽、胡椒	各少許

＜作法＞

a

1. 南瓜去籽、去棉絲後，皮面朝下鋪放在耐熱容器內。以保鮮膜包覆後，送入微波約加熱5分鐘使南瓜軟化。將軟化後的南瓜倒入鋼盆，大致壓碎後放置待冷卻。生火腿切成長2cm的條狀。

2. 將**A**倒入鋼盆內和南瓜一起混合，再加入生火腿、葡萄乾、綜合堅果拌混。

3. 將麵包的兩端切掉一些，長度再對切成一半。用麵包刀或水果刀等的小型刀，邊緣留約5mm～1cm的空間，再用刀子插入麵包內劃1圈（a）。將中心的白色麵包體抽出（b）。

b

4. 將中心挖空的麵包立起來，將半量的**2**填入麵包空心處（c）。以保鮮模包覆後，送入冰箱冷藏約30分鐘，使味道均勻融合。

5. 撕下保鮮膜，切成易入口的大小（d）。

c

d

擺盤重點

這是一道簡單質樸的料理，所以可以直接將切好的長棍麵包，隨性地排列於砧板上。以堆疊的方式排列時，方向不用太整齊，以呈現出自然的感覺。再以西洋菜等深綠蔬菜點綴裝飾，除了增加畫面的豐富性，搭配著一起吃，格外美味。

PROFILE

市瀨悅子

料理研究家。從食品工廠一腳跨進料理領域。憑藉著豐富的料理研究家助手的經歷，開始自己獨當一面。以「美味家常料理輕鬆作」為宗旨，為雜誌及書籍、電視節目、工廠等提供菜單設計。著作有『只要切一切拌一拌　輕食沙拉料理』(暫譯)、『一次作好熱一熱立即上桌 自製常備湯頭』(暫譯)(皆為家之光協會出版)等多本書籍。

TITLE

令人驚豔的夢幻剖面料理

STAFF

出版	瑞昇文化事業股份有限公司
作者	市瀨悅子
譯者	莊鎧寧
監譯	高詹燦
總編輯	郭湘齡
文字編輯	徐承義　蔣詩綺　陳亭安
美術編輯	孫慧琪
排版	靜思個人工作室
製版	印研科技有限公司
印刷	龍岡數位文化股份有限公司
法律顧問	經兆國際法律事務所　黃沛聲律師
戶名	瑞昇文化事業股份有限公司
劃撥帳號	19598343
地址	新北市中和區景平路464巷2弄1-4號
電話	(02)2945-3191
傳真	(02)2945-3190
網址	www.rising-books.com.tw
Mail	deepblue@rising-books.com.tw
初版日期	2018年10月
定價	350元

ORIGINAL JAPANESE EDITION STAFF

デザイン	遠矢良一 (ARTR)
撮　影	澤木央子
スタイリング	池水陽子
校　正	安久都淳子
編　集	広谷綾子

國家圖書館出版品預行編目資料

令人驚豔的夢幻剖面料理 / 市瀨悅子著 ; 莊鎧寧譯. -- 初版. -- 新北市 : 瑞昇文化, 2018.09
96 面 ; 18.8 x 25.7 公分
ISBN 978-986-401-274-9(平裝)

1.食譜

427.1　　107014614

KIRIKUCHI HITOTSUDE OISHIKU MISERU ODOROKI NO MISE RECEIPE